没有钱，

梦想就只能是梦想

# 从小和钱做朋友

## いま君に伝えたいお金の話

### 影响孩子一生的财商启蒙课

[日]村上世彰 著　范宏涛 译

SPM 南方出版传媒　广东人民出版社

·广州·

图书在版编目（CIP）数据

从小和钱做朋友：影响孩子一生的财商启蒙课 /(日) 村上世彰著；
范宏涛译. —— 广州：广东人民出版社, 2019.12（2023.8重印）

ISBN 978-7-218-14045-2

Ⅰ.①从… Ⅱ.①村… ②范… Ⅲ.①财务管理 – 家庭教育 Ⅳ.
①TS976.15②G78

中国版本图书馆CIP数据核字(2019)第253756号

著作权合同登记 图字：19-2019-177号

いま君に伝えたいお金の話 by 村上世彰
IMA KIMI NI TSUTAETAI OKANE NO HANASHI
Copyright © 2018 by YOSHIAKI MURAKAMI
Original Japanese edition published by Gentosha, Inc., Tokyo, Japan
Simplified Chinese edition is published by arrangement with Gentosha, Inc.
through Discover 21 Inc., Tokyo.
Illustrations © 山下 航

CONG XIAO HE QIAN ZUO PENG YOU

# 从 小 和 钱 做 朋 友

[日] 村上世彰 著　　范宏涛 译

出 版 人：肖风华

责任编辑：严耀峰　李辉华
特约编辑：丁礼江
装帧设计：紫图图书ZITO®
责任技编：吴彦斌　周星奎
营销支持：曹莉丽
出版发行：广东人民出版社
地　　址：广东省广州市越秀区大沙头四马路10号（邮政编码：510199）
电　　话：(020)85716809(总编室)
传　　真：(020)83289585
网　　址：http://www.gdpph.com
印　　刷：艺堂印刷（天津）有限公司
开　　本：880mm × 1230mm　1/32
印　　张：6.75　　　　字　　数：90千
版　　次：2019年12月第1版
印　　次：2023年8月第5次印刷
定　　价：49.90元

如发现印装质量问题，影响阅读，请与出版社(020-85716808)联系调换。
售 书 热 线：020-85716833

# 让孩子们与"钱"好好相处

读者朋友们，大家好，我是村上世彰。

我是一名"投资者"。所谓"投资者"，就是以金钱增值为职业的人。这种职业要比普通人更了解如何做到投资收益最大化，也就是说，我们自己必须在金钱方面有着充分的、专业性的、超乎常人的自信。

基于上述考虑，我才不揣冒昧来写此书。

有很多大人认为，"小孩不了解金钱也没关系"，其证据就是在日本，学校几乎不开设相关此类课程。学校里语文、数学，理科类、社会类等各类教学计划无不齐备，但就是没有关于教授金钱的课程。

在我看来，孩子们学一些关于金钱的知识是有所裨益的。长大之后，每个人都需要和金钱打交道，因此这并不存在拔苗助长之嫌，尽早养成管理金钱的习惯，还会减少"手足无措的麻烦"。

关于金钱，是父亲最早引领我登堂入室。父亲有句口头禅常挂在嘴边，那就是"钱不喜欢寂寞"。如今作为专业人士，我虽然在这一行摸爬滚打了二十余年，但每每想起他的话，依旧觉得是至理名言。

父亲的意思是，钱不能总孤零零地放在一个人手里，它需要在人与人之间相互流动。这样一来，由一人到两人，由两人到三人乃至无穷，人气增加了，它就会汇聚过来。

从小开始，父亲就以十分开明的态度和言简意赅

的话语，告诉我关于金钱的奥秘。

自我晓事起便耳濡目染，以至于对金钱逐渐从了解走向熟悉。10 岁的时候，父亲将我读到大学毕业的零花钱一次性给了我，而我就是用这些钱，第一次买了股票。之后，我每天都读报纸，或认真研读载有所投公司信息的四季报，这样的积累，使我对金钱及其流动规律有了较为充分的把握。后来，我对金钱有了新的认知，对金钱与社会的关系也有了新的思考，如此种种，都令我乐在其中。大学毕业前，我对"钱"已经可以驾轻就熟，加之恰逢经济飞速增长的时代，所以从 10 岁开始到大学毕业，持续投资使得我自己资产已经增值了 100 倍。也正是因为自己学习、思考后再投资并获得资金的增值，让我体味到如同猜中谜语一般的快乐。

由于父亲的影响，我很早就学到了如何与金钱"交往"。我觉得，凭一己之力得以掌握驾驭金钱的奥秘，才使我至今仍能与之和谐相处。

我很爱钱。钱能带来自由，能让人实现梦想。如果使用得当，它还能成为幸福的源泉，甚至可以助人为乐，让世界变得更加美好。

因为爱花钱，所以我一直专注于投资。具体来说，就是有人或社会团体想做一些事情却面临资金不足时，我便可以为其提供资金。除了我之外，世界上有很多投资者，他们或者帮人圆梦，或者助力企业持续发展。投资虽然未必带给世界的全是积极结果，但投资者总会强烈地感受到金钱具有影响周围、丰富社会的功效。

为了让社会富足，金钱的循环流动就显得尤为重要，而我们更不能阻止"资金流"。具体来说，就是我想要告诉大家要学会"赚钱存钱，循环增值"的方法，然后将增值后的钱再循环起来。所谓"循环"，就是为了自己的幸福而花钱，为了让钱增值而投资，也就是让钱姑且离手。如果将自己所挣的钱都存起来，"资金流"就断了。

也许有人会对大声说"我很爱钱"的行为心有不快，但是当这些人收到压岁钱、拿到零花钱的时候，难道不会感到异常高兴吗？思索着用手里的钱买点儿什么，还应该留下多少存起来，这些往往令人心情激动。在我看来，对待金钱的这种心情十分重要。

无论是谁，活着就需要钱，没有钱也就无法活下去。毋庸多说，金钱是人生活中不可或缺的"工具"。如果善用这一工具，就有可能使包括自己在内的人幸福快乐。

既然钱是生活中无法离开的工具，好好与之相处自然就是题中之义。如若可能，那就以欢乐且激动的心情，思考它能够发挥怎样的作用。要做到这一点，就需要对其充分理解，并尽早地接触它，习惯它，掌握它的使用方法。

在进入相关话题之前，有些事情必须先作出声明，那就是切忌金钱变凶器。因为金钱是工具，使用方式出现问题，它就可能成为害人害己的凶器。

从别人那里借来的钱，很容易变成凶器，这一点请大家牢记。

我非常反对借钱给人，理由十分简单，因为无论如何，有借必有还。将可能还不了的钱借出去，然后一直想着对方必须还回来，着实痛苦至极。万一出乎你的意料，该还的钱没还回来，那么不但受伤的是自己，甚至还牵连周围的人不如意。这时候，金钱就成了凶器。

我知道很多人因为钱而获得幸福，但也听说有的人因钱而癫狂，有的人因钱的使用方式不当而使自己和周围的人遍体鳞伤，有的人遭受打击后一蹶不振。

种种见闻，让我感到，尽早学习、了解金钱的人，才能和金钱相处时游刃有余，或者不管怎么说，他不会沦为金钱的奴隶。

因此，本书从"何谓金钱"开始，介绍如何赚钱、用钱、与钱相处之道以及拥有金钱的能力。其中，关于如何用钱，分为"为了自己的幸福"和"为了别人和社会"两种。"为了别人和社会"并不容易，因为这是满足自我之后的第二层级。约从40岁起，我开始意识到为了别人和社会而积极地使用金钱，不但悦己，而且颇有意义。不过，也总想着如果早点遇到开窍的契机，那该多好。所以，我希望大家早点了解金钱的使用方法，才想借本书将自己的经验和感触写下。

如前所述，遗憾的是，日本基本上没有孩提时代就开始的"金钱教育"。我之所以能够在这方面有些发言权，就是得益于小时候在父亲的影响下放心大胆地谈钱的话题，并不断思考学习。纵观当前的日本，我深感一种危机：如果大家不善于处理金钱，这个国家就会出现问题。因此，我愿将父亲的教导和自己的专业所学传递给孩子们，衷心地期待孩子们与"金钱"好好相处。我相信，每一个人意识的转变，就能促使整个世界发生巨大的改变。

这本书，凝聚了至今以来我在许多学校讲授"金钱"的肺腑之言，如果本书能为大家的幸福人生或和谐社会提供点滴参考，我将不胜欣喜。

编者注：为便于直观理解，文中部分内容作出了符合中国国情的修改。

# 目 录

## 第 1 课  钱呀钱，你究竟是什么

# 第2课　透过价格标签看世界

第 **3** 课　教你赚钱的方法

# 第 4 课　拿稳定工资的时代过去了

第 **5** 课　　**赚钱存钱，钱生钱**

第 **6** 课　　面对金钱时的觉悟：
　　　　　　钱变成大凶器的情形

# 第7课　绝妙的花钱方式

第 1 课

# 钱呀钱，你究竟是什么

清清楚楚认识你
坦坦荡荡追逐你

## 说到金钱，
## 不过是个很方便的工具

当听到"钱"这个词的时候，你的脑子里会浮现出什么呢？

富翁？

获利？

成捆钞票？

邪恶？肮脏？

名牌？

幸福或是不幸？

在某所学校讲课的时候，有个孩子提出过这样一个问题："如果有一个没有钱的世界，那该多好呀。为了钱有人争抢，有人做坏事。所以只要没有钱，这些事情岂不是就不会发生了？"

对此，我吃了一惊。在她的印象中，钱就是"邪恶"。

诚然，争抢金钱的原因固然存在，但金钱本身并无好坏之分，它并非邪恶的东西。我们首先必须消除这种误解。

承接上述话题，我来略作说明。

为什么会出现钱，它又是什么时候出现的呢？

钱其实并不是自然界本身就存在的东西，而是源于人类的发明。

很久以前，人类还处在物物交换的时候，比如 A 有野猪肉，B 有鱼，如果 A 想要鱼，B 想要野猪肉，两人相互交换即可。然而，A 想要鱼，可是 B 却想要大豆，单纯的物物交换无法进行，此时"钱"便应运而生（当然，关于钱的起源尚无定论）。

比如据说在古代中国，就曾将贝壳用作钱币。那时候，也许 A 就可以用三个贝壳买下 B 的鱼，B 再用那些贝壳换取大豆。

如此一来，由于"钱"这一媒介工具的存在，物品的买卖就方便起来，"钱"也自然而然地成为物品价值的衡量标准。此外，"钱"还可以在不用的时候存起来。"钱"的产生，使得物品买卖得以在更多的人之间进行，其交换骤增，进而促进社会财富的积累。

简而言之，钱具有"与物交换""衡量价值高低"和作为货币来"存储"三种功能。

**钱有三种功能**

1. 与物交换
2. 衡量价值高低
3. 存储

想要大豆，自己手里却只有肉，此时如果有钱，问题就立马变得简单。

对于之前那位女孩的提问，我想说的是，钱除了作为一种便利工具并具有上述三种功能外，并无其他作用，其本身并无好坏之分。至于因钱而引发的相关问题，也并不是钱本身，而是钱的使用者或者使用方法出了问题。

当然，因"钱"而引发的你争我夺时有发生，但那并非"钱"自己酿造祸端，而是沦为金钱奴隶的人肆意争夺。

遗憾的是在日本，"钱 = 肮脏""钱 = 邪恶"之类的认知根深蒂固，绵延甚广。媒体也常常将多挣钱宣扬成"坏事"。当我之前遭受批评时，我再次感受到"日本对钱的印象竟然如此糟糕"，而这种感受与国外颇有差别。时至今日，我依然对此有一种违和感。

出于"钱 = 肮脏"的判断，也许幸福的标准就尽可能和钱划清了界限。日本人为什么将钱视为肮脏之物，似乎还有着深刻的历史背景。对此，众说纷纭，而且十分有趣，大家不妨调查研究。

在我看来，"钱＝肮脏""钱＝邪恶"的看法，其根本原因应该是没有理解金钱的本质。我想如果仅仅将钱看成是工具，就不会无端厌恶它，或者将它视为肮脏的东西了。

# 钱是什么样?
## 变!变!变!

关于钱的形态随着时代变化而变化的话题,我想补充几句。大概说来,钱曾以石头或者贝壳来充当,后来转变为金、银、铜等形式,最后发展成纸币。

目前,日元有1元、5元、10元、1000元、10000元等各种不同面额,但大家是否知道1000元的制造原价?其实,算来也只有十几元而已。简而言之,钱就是纸片。但是,带着这1000元的纸片,在日本国内任何地方都可以买到价值千元的物品,享受与之等值的服务。

不过，你要是在纸上写个"1000元"，然后拿去店里消费，会出现什么后果呢？那么为什么同样是写着1000元的纸片，你的怎么就不好使呢？

究其原因，在于市面上流通的纸币有日本银行保证，所以可以买东西，而你自己在纸片上写的1000元的"纸币"得不到日本银行的保证，因此无法行使购买功能。日本银行发行的"纸片"，经过多重工序，根本无法简单伪造。这种有切实保证的特殊"纸片"就是纸币。只有这样的纸币，才能通行无阻。

日本银行即日本的中央银行。各国均有自己的中央银行，比如美国的美联储会保证美元面值，韩国的中央银行会保证韩元的面值。只要国家"信用"存在，那么诸如日元、美元、韩元的面值等都会有所保障。

但是，正如我上面所说"在日本国内任何地方都可以"的那样，1000日元的面值，也仅限于日本使用，日本央行保证 1000 日元的面值，只能在日本国内有效。如果想在美国使用，就必须兑换成美元。有趣的是，金钱有一种价值，被称之为"汇率"。这种汇率，受国家的信用度、国力等各种因素影响，每天都在持续变化。因此，昨天 110 日元可以兑换 1 美元，今天就有可能需要 112 日元。由于各种原因，你手中的 1000 日元可能兑换 9.09 美元，也可能兑换 8.93 美元，所以同样是 1000 日元，今天可以买一本 9 美元的书，明天可能就不行了。随着互联网的发展，人与物在世界范围内的活动频率已经今非昔比。处在这样的大背景下，在琢磨"钱"的时候就必须考虑其面值每天在世界范围内的变化。

近年来，产生了一种新"钱"，叫虚拟货币。其中最有名的是比特币。与传统金钱最大的区别，就是它并非硬币或者纸币这样的物质存在，而且无须任何国家的保证。一般来说，你手里的 1000 日元纸币需要相

假如 1 美元 =110 日元，
那么有 1000 日元（=9.09 美元），
就可以买一本 9 美元的书。

假如 1 美元 =112 日元，
那么即使有 1000 日元（=8.93 美元），
也买不了一本 9 美元的书。

关保证才能使用，现在的虚拟货币无须各国央行保证，只要区块链这种网络新科技就可以。

就当前来看，虚拟货币是否能够真正地扎根到我们日常生活尚难预料，不过从石头到贝壳，从贝壳到金属货币，随着时代更替，"钱"的形式也不断变化这一趋势来看，今后各种形式的钱都可能出现。又比如，电子货币就既不是金属货币也不是纸币，看得见但摸不着。

今后，钱将不断变得便捷化、便利化，但是即使变化，其作为生活中的一种工具的本质，是不会改变的。

## 如果把社会比作一个人，
## 那么钱就是他的血液

　　钱是工具，同时也是一种类似人体血液的东西。健康的体魄，需要血液的充分运行来输送营养和必要成分，同时淘汰杂质，维持每一个细胞的健康。如果血液不足或者流动不畅，人体所需营养就无法输送到必要的地方，该排除的东西排除不了，身体就会变得越来越差。钱和社会的关系也一样，它作为社会的血液，一旦流动出现故障，也会给社会带来损伤。

在我看来，日本当前的状态就和血液流通不畅一样。国内像血液一般的金钱虽然满满，但始终运行艰难。

日本人到底有多少钱呢？说出结果，可能会令大家瞠目结舌。

据统计，不同家庭和个人所拥有的金钱，总计超过 1800 兆日元（《家庭收支的金融资产》2017 年统计数据）。这 1800 兆日元是不是太多不敢说，但国家预算也就大概 100 兆日元左右，所以日本人手中的钱是国家的 18 倍。

这就意味着，日本上至老人，下至婴儿，所有国民（1.27 亿）每人平均有高达 1000 多万日元（约合人民币 60 多万元）的钱。这难道还不多吗？

可是，这些钱都隐藏在哪里呢？世界上关于"日本人非常喜欢存钱"的说法可能有点言过其实，但这1800兆日元中，至少有一半都存在了银行。反观国外，相比把钱存在银行，将自己的财富用于股票投资之类却占据多数。将手里的钱存在银行而引发的问题容后详述，但是"多数日本人都喜欢把钱存起来"这一事实请大家先记住。

不仅家庭收支如此，企业状况也一样。日本的企业会将本应用于扩大事业或雇佣工人的钱不断积存起来。二十年前，这一额度已经有100兆，如今早已超过了400兆。

我想二十年来，日本社会总体衰退的一大病因，就是"存储"。

正如血液在全身流动通畅才能保持人体健康一样，金钱流动才能维持社会的健康。然而无论是个人还是企业，却优先将钱存起来而非考虑如何使用。如果血液不畅导致大量淤积，身体会怎样？略作思考，就会立刻明白当前的日本出了健康问题。

为什么会出现这种情况呢？看不清前景，对将来感到不安……说到底，还是觉得手中的钱在社会上无法顺利流通。其实如果金钱流通到社会的方方面面，完善的安全网就会建立起来，那么因为对未来生活感到不安而"存储"就没有必要了。这样一来，钱在社会上的流通就会更加顺畅。

我的意思并不是说让大家必须把自己手里的钱全拿出来，而是让流动增值的钱循环流动，不断增值。

此外我还想告诉大家的是，日本人不断存钱，而日本政府每年都在国家发展方面出现财政不足，因此不得不发行"赤字国债"，其金额都在1000兆以上。国家财政主要源于国民缴纳的"税金"，比如买东西会纳税，工作收入会纳税，公司盈利会纳税，等等。只有个人、公司不大量存钱而去想方设法运作它，它才能流动起来。钱一旦流动，就能产生"税金"，国家可支配的财政收入就自然增加了。国家的财政支出原本既"安全"又"方便"，然后它又以各种形式回归到我们的日常生活中来，这就是金钱流动。但是，当前日本虽然盆满钵满，但钱也没能流动起来，以至于国家财政吃紧而不得不借贷。不管怎么说，这都不是好事。

# 钱是我们无法分离的小伙伴

　　我的存款只保持在最低限度，相反我却优先考虑使手里的钱合理流通。也就是说，赚钱收入，然后流通增值，增值之后继续流通，如此循环十分重要。

　　我小时候一度是个存钱迷。每每看到存折上数字攀升，总是令我心动不已。对此，父亲却告诉我"钱不喜欢寂寞"。

　　我曾经常央求父母给我零花钱，可是往往想不起来用这些钱买点什么，因此会立即把他们给的钱存起来。

所谓"钱不喜欢寂寞"，言下之意就是钱越多越容易积土成山，积水成渊。为了验证他的说法，我开始先存钱，然后再投资，最终，正如父亲所说，我的资产增值不断，我深深体会到"钱不喜欢寂寞"果然不是虚言。如今回想起来之前翻看存折暗自窃喜，确实有些不可思议。无论如何，钱从小就是我无法分离的"伙伴"。

当然不仅是我，即使很多小孩并没有像我那样自幼就对钱充满兴趣，但自他们出生起，都将会和它产生无法割断的关系。

为什么我们与金钱的关系斩也斩不断，它是如此重要的东西呢？对此，只要我们环顾四周就会立刻明白：我们周围的一切，都是用钱换来的，因此我们的生活，无法与钱分割。

关于钱，请大家先记住四个重要问题：

　　首先最重要的一点，"谈自力更生，没钱寸步难行"。其次，"没有钱，梦想就只能是梦想"。再次，"困难时，钱会助你一臂之力"。最后，"手有余钱，救人急难"。上述四点，也是大家赚钱之后层层推进的步骤。接下来，请允许我逐一说明。

## 谈自力更生，没钱寸步难行

　　生活处处需要钱。比如回家环视一下房间，包括房间本身在内，里面的一切都离不开钱。去学校前准备的套装，洗脸的水，也要花钱。孩提时代，我们有人照管，可是一旦长大成人，这一切都必须由自己承担。租房子、买东西、交话费、付水电费等各类支出，都得靠自己挣钱才行。如果我们没有支撑日常生活的最低收入，就只能依靠他人照顾。但是，照顾我们的人，未必能伴随我们一生。因此，为了自由自立，我们最起码也得有钱保障基本的衣食住行。

## 没有钱，梦想就只能是梦想

除了维持生活所必需的最低保障外，还需要有钱来滋养内心。比如，想与朋友一起出游，想看某个艺人的音乐会，想买某个东西……如果有钱能实现，那么生活档次就会高很多。或者有钱满足读书、看电影等趣味消费，或者去一些没去过的地方，看一些没见过的东西，或者为实现梦想而通过入学考试，等等，都意味着人生更加美好。这时候为了将来，也可以暂时把钱存起来。

为了自己和自己的将来，都需要有能够自由使用的金钱。这是身心健康发展的宝器。

## 困难时，钱会助你一臂之力

有钱且快乐的时光日复一日，同时还有余钱不断积累。这样，如果万一遇到什么不测，这些余钱就会助你脱困。比如因受伤长期无法工作而致使自己没有收入的时候，余钱就会发挥作用。相反，如果遇到意外时手中没钱，那么生活将无以为继。换言之，钱具有缓冲打击的力量，能使我们遇到意外或面临突发情况时不至于只剩下恐慌。

那么，存多少钱才合适呢？当然这与年龄有关。如果是年轻人，我觉得应该留足一两年内没有收入也能正常生活的分量。

## 手有余钱，救人急难

最后，就是潇洒用钱，也就是用钱助人摆脱危难。此举可以在自我实现的基础上，让世界变得更加和谐阳光。当然，前提是自己的生活已经有了充分的保障。在此基础上，如果自己的生活宽松有余，我也希望大家能够提升格局，懂得"为社会和他人"略尽绵薄之力。其实在我看来，能用钱来帮助别人，确实是一件十分快乐的事情。对此，我还会在后面详叙。

- 谈自力更生，没钱寸步难行
- 没有钱，梦想就只能是梦想
- 困难时，钱会助你一臂之力
- 手有余钱，救人急难

## 怎么才能和钱做朋友，
## 而不是变成钱的奴隶呢

钱能赋予人财务自由和各种可能。

钱是生活中不可或缺的东西，钱也有影响人生活方式的巨大魔力。因此，请不要忘了它也会令人恐惧。朋友相交源于相知，即知其善恶之处，才能平等相处。从小对钱不了解，长大之后就很容易被其操控。

那么有人可能会问，财大气粗的人不是比穷光蛋更厉害吗？贵重的东西不是比便宜的东西更好吗？能赚大钱的工作不是比赚不了大钱的工作更体面吗？

如果沉迷于这些，那么就堕入了金钱的圈套。

不了解事物的本质，只以上述"标准"来判断事物及其价值，就必然被金钱绑住手脚。论价值和收入一山还有一山高，如果觉得只要是贵重的东西就是好的，钱挣得越多越好，就不顾一切地钻到钱眼里，你就会被它弄得疲于奔命。金钱固然重要，但它只是实现幸福人生的手段之一，金钱本身并非人生目的和唯一衡量标准。若不然，那不就本末倒置了吗？

那么怎样才能不为金钱束缚而变成它的奴隶呢？

对此，我们必须创制一套有别于只以金钱来衡量价值的标准。如果自己心中另有"尺度"，就不会被金钱引入歧途，而这种"尺度"，就是找到属于自己的"幸福"。人生在世，幸福最为重要，然而幸福的标准和形式因人而异，腰缠万贯而不幸福者大有人在，手里钱不多但幸福快乐的人也不在少数。当你认准了

"幸福的标准"，金钱就成为你获取幸福的好帮手。反之，无论你有多少钱，但却缺少"幸福的标准"，那么金钱就无法发挥支撑幸福的功效。幸福并不取决于金钱的多少，而有赖于使用的巧妙。

为了告诉大家如何更好地花钱，我先需要传递一个"掌控金钱"的观点。要想掌控金钱，需要对数字十分敏感，即"用数字捕捉事物"。金钱与数字关系最密切，它常始于数字，也常终于数字。

对此，我将在下一课具体讲述。在这里我想说的是，我刚开始对钱感兴趣，就是被钱上的数字吸引过去的。我们周围的所有东西，都隐含着数字，也就是价格。这里的价格，换言之就是应付多少钱才能买到相关物品的"数字"。这些"数字"，连接着世间万事万物。从国家人口、面积到国民生产总值，从投资对象公司的业绩、员工人数到超市销售的食品价格，均可以用数字把握。将上述有关数字在大脑中串联起来，

数字连接世间万物

就会发现很多新视点。

要是大脑能熟练地掌握数字，那么应对金钱就会更加游刃有余。这里的"数字"，是明确世界架构的关键，如果熟练掌握，就会认清事物的真正价值和它对自己的意义。为了更好地花钱，就必须对它的价值有所洞见。

小时候上课，我经常不用笔记本，因此常被老师批评。可是，算术、数学之类的东西，无须用笔，在大脑里就可以瞬间完成心算。

这是为什么呢？当然这里有本身就擅长数学心算的因素，但我想小时候在家里所做的游戏也大有裨益。这种游戏无须用笔记，主要依靠大脑的记忆来判断胜负归属。当然，游戏的内容本书也会涉及，但在此之前，且容许我在下一课先说一说掌控金钱所要了解的"物的价值"。

# 第 2 课

## 透过价格标签看世界

# 有趣的价格标签

关于金钱之种种，我起初最关注的还是它的价格。

小时候，我特别喜欢去超市。

超市里的东西琳琅满目，每件东西上面都贴着价格签。当然，我什么都不买，我对购物没有兴趣。对我来说，购物并不等于"幸福"。不过，我会绕场转转，看看各种不同商品上的价格签，这倒是让我乐在其中。

后来，超市里商品的价格签已经不能满足我，我开始关注所有物品的价格。

比如晚饭中的一条鱼多少钱，旁边做成萝卜泥的萝卜多少钱。除了吃饭，我身边几乎所有的物品，玩具、点心等自不用说，就是穿的衣服、鞋子，去学校背的书包，铅笔盒里的铅笔和橡皮，其价格都成了我关注的对象。

起初，我只是单纯出于好奇，后来情绪高涨，产生了一种探究世界奥秘的欲望。碰到任何东西，我都会边看边问"这个多少钱""那个多少钱"。

就是带着这种对价格的兴趣，我或者问大人，或者靠自己，在刨根问底的过程中，我想弄清价格到底由什么来决定，或者说由谁通过什么手段决定。

比如同样是铅笔，这一支 1 元，另一支却要 3 元，两者为什么相差 2 元，这些差异又是如何产生的呢？

思考这些问题，让我感到快乐无比。同时，这也意味着我是一个怪孩子。

但是无论如何，了解了物品的价格，就等于了解了金钱及社会上不少的东西。

# 价格是解密世界的钥匙之一

请大家想想，世间所有东西都隐含着与之对应的价格，这难道不是一件十分了不起的事？比如高山、流水，我们虽然看不到它们的价格签，但是它们也有它们的价格，而且还会经常变化。如果一个物品的价格永远不变，所有的铅笔都是 3 元，那么了解价格就没什么意义了。

不过，同样是铅笔，种类不同或买的地方不同，价格也会不同。更何况，价格还在不断变化。如此来看，岂不有趣？一个物品的价格与其他物品的价格密切相关，季节或气候的变化、工厂所在地、所用材料、所有人的关注度、喜好的变化、人气的高低等因素，都会与价格的波动搅合在一起。有些东西长时间价格稳定，有些东西的价格则每天都变化不定。这些变与不变之中，均有一定的缘由；也正是这些缘由，促进社会的发展。

孩提时代对各种物品价格的特殊兴趣，使我明白了不少道理。

物品的价格，并非只是枯燥无味的数字。

它是解密世界的钥匙之一。我在向人询问或自我了解价格的过程中，我对社会上的种种组织机构有了大概的印象。对我来说，这既是有趣的"游戏"，也是与钱友好相处的途径。

# 为什么秋刀鱼不好吃却变贵了

　　我住在新加坡，一年当中会回日本几趟。回去之后只要有时间，我就会去东京筑地，那里有一个规模庞大的卸货卖场。

　　所谓卸货卖场，简而言之就是鱼店、菜店、超市等平时卖给我们东西的店铺，集中进货的地方。有时候，做社会科学研究的人也会到那里参观、调研。

　　类似的卖场充斥着日本的大街小巷，可是筑地卸货卖场规模之大，是比较少见的。成交额不但在日本，甚至在世界也是首屈一指。这里汇集了来自世界各地的海产品、蔬菜等各类食品,是一个了解物品价格的好地方。

比如在 2017 年秋天,秋刀鱼基本上卖不出去,大都挂在店铺前,显得十分干瘦。然而在之前一年,我却经常看到秋刀鱼一个个又肥又壮。

接下来的事就值得关注了。

那些挂在筑地市场看起来干瘦并不可口的秋刀鱼,却比往年的价格高出许多。我转了东京都内的若干个生鲜市场,也注意查看了秋刀鱼的价格,发现往年旺季一条 6 元左右的秋刀鱼,都变成了 12—18 元。

即便如此,因为我很喜欢吃,而且只有回到日本才能吃到,所以我还是得忍着高价买来烹制。吃过才知道,果然不如往常那么美味。

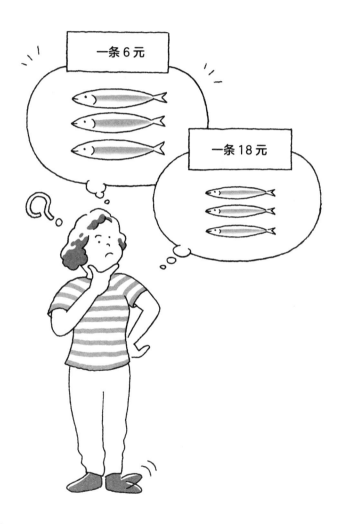

为什么那年的秋刀鱼不好吃，为什么秋刀鱼比往年干瘦不好吃反而价格更高，为什么往年 6 元一条的秋刀鱼，在 2017 年干瘦不好吃的情况下还会卖 12 乃至 18 元呢？

不知大家是否了解其中的奥秘？

# 物以稀为贵是怎么一回事

大家心中有没有答案？如果还没有想出来，请大家听我慢慢道来。

答案很简单：2017 年的秋刀鱼干瘦不好吃却比往年价格高，那是因为那年的捕获量大大减少。

其中原因很多，要么是秋刀鱼的饵料虾去年有所减少，要么是水温升高导致巡游到日本近海的秋刀鱼减少，或者也有可能是人类的长期过度捕捞所导致。

　　那么，不好吃的原因又是什么？不仅仅是秋刀鱼，其他海产品甚至农作物等来自自然馈赠的食物，大体上都有相同的特征，那就是在"不渔"（鱼类捕获量少）或"不作"（农作物产量少）的年份，鱼类和农作物基本上都存在生长发育不良的问题，从而导致口味变差。

　　决定物品价格的因素很多，但最重要的是供需关系。

　　所谓需，就是对某物的欲求。拿秋刀鱼来说，就是有多少人想买它。所谓供，就是有多少秋刀鱼可以被卖。

　　日本有很多人都像我一样喜欢吃秋刀鱼，所以一到秋刀鱼大量上市的秋季，大家都会一饱口福。当秋刀鱼游到日本近海的时候，渔民们会将捕捞到的秋刀鱼送到市场卖掉。有多少人想吃，能捕捞多少，这两者就决定了需求和供给的平衡关系。

如果捕捞量大，供给可以完全满足需要，秋刀鱼的价格就便宜。如果市场上的秋刀鱼很多，买方就想买得更便宜。卖方如果不降价就卖不出去，也就会压低价格。

相反，像2017年那样捕捞量下降，在供给不能满足需要的情况下，即使不好吃的秋刀鱼也会价格很高。也就是说，当秋刀鱼难买到手的时候，买方出现竞争，价格就会升高。

如前所说，捕获多的时候，秋刀鱼吃到了更多的饵料，因此又肥又香，但是市场上到处都是，所以价格便宜。捕获量少的时候，秋刀鱼的饵料其实也少，因此在其干瘦的情况下也会因为数量稀少而价格高昂。

像这种"数量少导致价格高"的情况，就是所谓的物以稀为贵。当然不仅是秋刀鱼，所有商品，当它供不应求的时候，价格就会升高。

比起又大又肥的秋刀鱼，又瘦又不好吃的秋刀鱼价格更高，其中秘密就在这里。

此外，卡片游戏中极个别上市了的卡通人物，竟然在网上贵得出奇；或者有些看起来破破烂烂的书，也十分珍贵，就是这个道理。

不知道大家在这里面学到了什么东西？

我从这些规律中懂得，物品的价值未必只和它的质量成正比。如果有人觉得价格更高的商品品质更好，那就错了。

# 价格越高，品质越好吗

又大又肥的秋刀鱼不但好吃，而且营养丰富。其他的鱼类、蔬菜、水果也是同样的道理。无论是鱼类、蔬菜还是水果，出现在旺季市场上的时候既好吃，又有营养，而且价格还便宜。这个时候，最好顺势而为吃一些价格公道的旺季特产。

花了大价钱，未必吃到好吃又营养的东西。不仅是食物，所有的物品都不是说价格越高品质越好。

可是，大家很容易产生一种错觉，总觉得价格高的东西应该有与之对应的高价值。这就是金钱的魔力。因此，当某种物品在物以稀为贵的情况下一旦价格升高，它的价格往往还会不断上涨，甚至在有些情况下飙升得不可思议。

这样一来，本来不起眼的东西就因为突然有了高价，有人就会觉得那可能是不可多得的宝贝。在有些人看来，"花多少钱都要买到手的东西"再贵也有其价值和意义。对他们来说，那些东西可能真是宝贝。可是，本来不想买，就是觉得"既然价格这么高，东西肯定好"，或者有一种"我有这么贵的东西，大家一定觉得我了不起"的心理，从而使"昂贵"成了唯一的购买理由。如果有人这么做，我只能说这是从小缺少对金钱认知的结果。这个世界上，有许多本身价值不高却硬生生被赋予高昂价格的东西。还有很多人在买东西的时候，只要看到高价，就觉得那个东西一定有

某些地方了不起。如此只要被"价格"这一数字所迷
惑，那么就很难冷静地判断该物品的价格是否匹配自
己的真实需求。

坦率地说，这些都没有意义。对此，我后面还会
提到。我要强调的是，我对胡乱花钱很是讨厌。

## 越是能深入思考，
## 越有可能和金钱成为好朋友

价格签上的价格之所以并非只是枯燥无味的数字，就是因为那些数字中包含着各种各样的意义和缘由。

比如，18 元的干瘦秋刀鱼和 6 元的肥美秋刀鱼，两者之间相差 12 元就是典型的例子。

反复思考，最终弄清楚其中的原委，就等于在思考金钱的奥秘，这对于理解社会组织的运行规律也大有裨益。世间之事，通过自己的思考和尝试获得认知，也颇有趣。

当然，首先我们要去思考。

当百思不得其解的时候，我们不妨问问明白人，或者自己去调查研究。有些问题，也许谁也无法回答，但"绞尽脑汁后最终得出自己的答案"，就可能与金钱拉近距离。

这时候，即使有人告诉你答案，你也得想明白"是否果真如此"，或者"答案是否唯一"。

要了解金钱的奥秘，最为关键的一点就是通过探索真知，养成不断探索、思考的习惯。

世界不停地变化，今天正确的东西，到了明天可能成为歪理。因此，对于思考，我们应该永不停息。

我之所以喜欢筑地市场，其理由就在于此。筑地市场的食材价格变动很快，每回前去价格总是不一。对我来说，那里有无数材料，供我对价格进行思考。

每天早上 4 点到 6 点期间，鲷鱼、鲭鱼、海胆等的价格通过拍卖的方式决定。如此一来，我们就可以用自己的眼睛，实地看到鱼类价格如何变动。如果大家感兴趣，除了筑地市场外，还可以去其他市场看看。

对金钱了解得越多，就会对这个社会认识得越深。比如，有的组织的运行令人感动，有些组织的混乱也会令人惊愕不已。

世间并非所有的东西都顺乎其理。明明有些东西这样做更好，却偏偏背离其道。

如上所述，我希望大家先从物品的价值出发，对社会的运行附带上自己的看法。

# 乱花钱会怎样
## ——由以物易物想到的

前面已经提到，我讨厌乱花钱，而且讨厌的程度，足以令周围的人吃惊。

对投资者来说，"金钱"就是投资不可或缺的东西。同样的道理，金钱就好比工匠的铁锤、厨师的烹饪工具。比起一般人，投资者必须有更为强大的抵抗力，不能浪费一点一滴。

实际上，这种自律不应该仅限于投资者。我在成为专业投资者之前，就很讨厌胡乱花钱。胡乱花钱的"胡乱"，对谁来讲衡量标准都一样。

钱是幸福生活的工具，是我们正常生活不可或缺的东西。我们必须思考面对有限的金钱，如何使其增值，最终让它成为支撑自己理想和幸福的基石。对此，我们就必须尽可能地减少浪费。浪费不在乎多少。高价的东西，如果和它的价值相符，然后买了它可以实现自己的目的，也就不算浪费。但是无论多便宜，即使是1元，价格与价值不符，或者买了它不能实现自己的目的，那就是浪费无疑。

拿秋刀鱼来说，当你想吃美味的秋刀鱼的时候，6元一条肥美可口的秋刀鱼会给你带来幸福和满足。但是捕获量少的年份，超市的秋刀鱼18元一条而且味道还不好，就不能满足你想吃美味的愿望，那么这18元就意味着浪费。看看价格，想想今年的秋刀鱼为什么卖18元，想清楚了决定不买才算正确。但是，对我这种"秋天好不容易才能吃上秋刀鱼"的人来说，即使花 18 元买来还不怎么好吃，却也能带来一种"能吃上真好"的满足感，那么这 18 元就花得不冤枉。不是说花同样的钱买同样的东西就能让每个人都感到满足，或者能让每个人都感到同样的幸福。不能给你带来幸福感的花钱，才是浪费。

要想和钱打好交道，就需要在平时的日常生活中，判断这些钱的金额及其对自己的意义和价值。比如乘坐新干线从东京到大阪，我买绿色车厢票。这种票要比普通车票贵 300 元左右，但对我来说绝非浪费。因为面对忙碌的一天，我可以在那里继续工作、考虑事情或者休息，在绿色车厢相对宽敞的环境中度过两个多小时，多花的 300 元就物有所值，不算浪费了。但是，对于到达时间不变且只考虑"能够到达"的人来说，多花 300 元当然就是浪费之举了。

坐飞机我也会选择好的座位。因为飞行期间我不会给谁打电话，谁也不可能给我打进电话，刚好给我留足了"思考的时间"。对投资者来说，"思考的时间"至关重要。为了能在相对宽敞、安静的地方尽情思考，我愿意支付高于普通座位的票价。不过，我可没有买私人飞机的想法。拥有私人飞机，可以享受充分的时间、空间和自由，但是购买私人飞机所得到的自由时间和空间对我来说，与支付的金额不成正比。

此外，私家车、名表以及其他的名牌或奢侈品，也是同样道理。坦率地说，我对名牌没有兴趣。我身上穿的、手里用的，只要能发挥其功能，让我觉得舒服就完全可以。

简而言之，花钱买东西，就相当于是钱与物、钱与服务的物物交换。钱是你的劳动所得，当你想花钱买东西的时候，就得仔细考虑买那件东西相当于你多长时间的劳动，它是不是物有所值。

# 价格标签vs幸福

很多人认为，奢侈品是社会地位和身份的象征。

诚然，好好把自己打扮一番，或者穿一些高品质的衣物绝非坏事。但是所花金额超越了这些需求，就是为了满足虚荣和优越感。在我看来，为了满足虚荣心或优越感而花钱，说到底都是胡乱花钱。

不过话说回来，这只是我的价值观。

价值观这个东西，当然是因人而异。

我再重申一遍，要想和钱打好交道，就要在固定的收入中，尽可能减少无端浪费，然后把更多的钱用在使自己幸福快乐上。

如果没有明确的"尺度"，让自己明白什么是重要的，什么才叫幸福，那么你就会被不断涌入市场的"新商品"所吸引而导致眼花缭乱，然后只能成为花钱的机器。

大家想想，你有没有去了超市等地方后产生这个也想买、那个也想买的念头？但是你要知道，无论你多么努力，也买不完所有东西，而且无论你买的东西多好，新的东西仍旧会刺激你的购买欲望。

这时候就请静下心来，好好看一看价格标签，然后想一想，这个东西与自己预期的价值或需求目的是否相配，它的价值是否能让它带给你与之相符的幸福？

这个商品多少钱？那个商品多少钱？为什么这个商品比那个贵？自己为什么喜欢这个商品？这个商品的价格与自己得到的幸福感是否平衡？

对上述问题的考虑，也许胜过你购物买买买的乐趣。

# 餐后猜价格游戏

对价格想得越深入，花钱的方法就越科学。这就是我讲述本课的意图。最后，为了让大家对价格更加敏感、熟悉，我想向大家介绍一款游戏。我有四个孩子，这十来年间，我们一直都在玩。

这款游戏名叫餐后猜价格游戏。

游戏规则是：多人一起在外面吃完饭结账的时候，每一位参加者都猜测用餐总额，谁猜的数字与实际金额最近，谁就可以获得赏金。这个游戏听起来很简单，可是正如前面我提到秋刀鱼的价格由供需等因素决定一样，每个人的喜好、季节、餐馆级别、服务品质等等，都需要考虑进去，因此若要领赏，可得好好动脑学习。

进店之后先看菜单，即使不点的菜，也得尽可能记住它的价格。同时，还要思考为什么会如此定价。这对于后期推测无法记住的菜品价格很有帮助。

然后在结账之前，通过猜拳决定顺序，之后依次分别说出自己预测的消费总额。

在这里有一个原则必须记住，那就是后来说出消费总额的人，和之前的人所说的金额差必须在 30 元以上。

如果有人已经先猜出 480 元，那么自己猜的金额只能是 450 元以下、510 元以上。比如，自己猜出的金额可以是 520 元。当然，520 元只是一种可能，我们也可以给出其他的数字。

假如我们就选 520 元，那么接下来猜的人能猜的范围就变成了 450 元以下、550 元以上了。

假如我们猜的是 539 元而不是 520 元，那么接下来的人能猜的范围就是 450 元以下、569 元以上。

以此类推，直到决出胜负。如果我们猜的不是 520 元而是 539 元，后面再猜的人所说的数字就可能比他预想得偏离许多。比如正确答案是 540 元，自己猜的是 520 元，下一个人猜的是 554 元，那么就是下一个人胜。如果自己猜的是 539 元，下一个人只能猜 450 元以下或者 569 元以上，那么不言而喻自己的金额肯定接近标准。

这个游戏的有趣之处在于首先要记住菜单上的菜品价格。当你记住不少餐馆的菜单，然后通过比较之

餐后猜价格游戏

后，就能想出来这些菜的价格由什么来决定。其次，对于记不住的菜品，就必须通过菜单上其他的菜品价格或食材价格进行猜测。这样，就能掌握综合各种因素进行菜品价格猜测的能力。

此外，这个游戏还可以锻炼你的脑回路，也就是在你说出预测金额后，还能让你思考自己胜算如何。

熟悉了价格，就会思考菜品、服务的质量和价格的关系。然后，再认真考虑这里面的价格是否与自己的期待相匹。当然，也可以和家人讨论，让大家一起发挥聪明才智。

这个游戏，既可以让家人玩得快乐，也可以加强大家对金钱的深切认知。除了在外就餐外，这种游戏也可以用于超市或者日常购物中，所以我希望大家不妨一试（根据所猜物品的价格，可以以30元为差额，也可以商议一个合适的数字）。

第 **3** 课

教你赚钱的方法

# 把兴趣爱好作为工作来赚钱

赚了钱存起来，然后投资增值，增值之后再投资。如此循环运作固然十分重要，可是如果钱没有"入口"，那么即便有再多的"出口"也毫无意义。所谓"入口"，就是赚钱。要想有钱，就必须工作。这些事孩提时代不上心也无妨，然而一旦长大成人，自己每日的吃穿住用都离不开收入所得。这就是所谓的自食其力。

那么，怎么做才能生财有道呢？说到这儿，就意味着要思考选择什么样的工作。

世上工作五花八门，选择也多种多样，然而选择任何一种工作，都会对自己的生活带来莫大影响。也就是说，工作的选择与你的生活方式即幸福息息相关。

基于此，我想发表两点拙见。其一，尽可能以兴趣作为工作的首选，这样人生才会变得欢乐无限；其二，工作待遇不能小看。

我的手头有很多类似大辞典一样带插图的书。其中，作家村上龙《工作大未来：从13岁开始迎向世界》一书前言中如此写道：

我认为世界上只有两种成年人。这两种人既不是"伟人和普通人""富豪和穷人"，也不是"好人和坏人""聪明人和笨人"，而是能否依靠自己喜欢或适合的工作自力更生的人。自己喜欢什么，自己适合什么，自己的才能偏向于什么，要考虑这些问题，重要的武器便是好奇心。好奇心一旦丢失，探究世界的能量也就不复存在了。本书就是为了将当前的好奇心和未来的工作结合在一起而提供的一些选项。

# 你的爱好是否对他人有用

正如村上龙所说，我也希望大家成为"依靠自己喜欢或适合的工作自力更生的人"。为什么这么说呢，因为工作占据了人生的大量时间，走向社会之后会有四十年、五十年乃至一生都在工作状态。如果能以兴趣为先，工作时就容易集中力量，全力以赴，即使辛苦也会精神满满。我喜欢钱，擅长投资，即使遇到再大的困难和挫折，也从未想过改行。时时刻刻全力以赴，才让我感受到工作的价值。

《工作大未来：从 13 岁开始迎向世界》一书以"喜欢花或植物""喜欢虫子""喜欢绘画或设计""喜欢旅行"等各种"喜欢"为切入点，介绍了关于"喜欢"的总计 514 种职业。快速翻阅这本书，也许你就会发现一些将兴趣融入工作的金点子。比如，喜欢英语，你可以当英语老师，或者发挥英语能力成为一名外交官，也可以立志到国际组织工作。换句话说，从兴趣出发考虑自己能做什么即可。再比如，喜欢游戏就到游戏公司上班，或者你想当电影导演，想成为运动员，想做一名画家……诸如此类，对未来工作要有一个基本判断。

能否从事特别喜欢的工作，取决于"对别人有没有用"。所谓工作，其实和物物交换一样。只要有人发现你工作的价值，你就可以赚取收入。无论你多么喜欢和擅长某个工作，可是谁都不愿意为之支付一分一毫，就等于你无法赚钱，当然也就意味着不能从事此类工作。

所以，请大家好好斟酌，如何才能将自己喜欢或擅长之处融入将来的工作中。尝试将尽可能多的时间放在喜欢的事情上，看看是否遇到艰难困苦也不改初衷，其价值是否也能为别人所用。如果到最后觉得"并非如此"，那么就请继续开启新的探索步伐。

## 无论如何，
## 请试着全力以赴去做一件事

儿时的某次执著，都有可能成为你未来从事任何工作的收获。也许是积累的知识让你受益匪浅，但更重要的是，当时的经历会让你明白执著的快乐。

坦率而言，只要你沉下心去做，任何工作都会变得快乐。因为，耽于执著，就意味着一个人的能力发挥到了最大限度。无论是谁，当他充分发挥自我的时候，无疑会快乐无比。

所谓最好尽可能从事自己喜欢或擅长的工作，就是因为容易进入那种游刃有余的状态。

那么，是不是所有人都能从事喜欢的工作呢？其实，还有很多人找不到喜欢的工作，不得已而做出违心的选择。也就是说，人生很多时候，不得不选择与期望不符的工作。这时候最关键的是，要看你能多大程度地做到执著，然后努力拼搏。无论喜欢与否，通过"执著努力"，就有可能在某个时候感受到其中的快乐与意义，甚至还会让它成为你一生的事业。

人生或全力以赴做一件事情，或认认真真学一项技能，这样的经历，必然会以某种形式转化为开拓辉煌的利器。

# 让兴趣成为择业就业的首选

　　在现实中，也许总有一些兴趣盎然的事，要么客观上无法成为工作选择，要么主观上不想将其转化为工作。就拿后者来说，比如有人很喜欢旅行，认为旅行可以放飞自我，那么让他当导游或者从事撰写旅行指南的工作将会如何？其结果是要么会出现平时自己旅行没问题，但是当了导游就得将原有节奏放弃，或者因采访而必须去一些不愿去的地方，等等，那么这个人"放飞自我"这一之前兴致极浓的感觉就会丧失殆尽，旅行也就意味着不幸福了。

对此，为了在旅行中纵情欢乐，平日里最好从事与之无关的工作。一年几回的旅游需要多少钱？能不能有连休的机会？什么样的工作才能提供上述可能？在若干工作选项中，哪一个能让你的价值发挥到最大？当兴趣和工作不能完全融合时，也要尽可能在两者之间谋求平衡，以此来到达"幸福"的彼岸。本书所要告诉大家的，就是"如何巧妙地用赚来的钱过上幸福人生"。因此在某种意义上说，无论是以兴趣为先导来选择工作，还是没能找到兴趣与工作的绝对契合，其实都存在不错的选择。

代表日本参加奥运会等赛事的多数运动员都是"因为兴趣"。因为在日本，即使是代表国家参赛的高级别选手，以该项运动为职业，其生活也是难以为继的。所以，大部分运动员都会和其他普通员工一样，选择在与赛事相关的公司工作。

## 当我们追逐梦想时，
## 钱有可能会成为神助攻

　　最初没找到喜欢的工作，但是可以先一边从事其他行业的工作获取收入，一边努力寻求机会，终有一天会水到渠成。小时候，我记得有很多人到剧团工作，但是剧团没有演出时，他们的收入是很低的。所以即使是专职"演员"，也有生活艰难的时候，所以大家经常会兼职赚钱。

　　有远大理想，即使生活再苦也能让人拥有前瞻性。但是即使这样的人，我也希望他们能在钱上多做考虑。

有些人经常随口说，只要能从事喜欢的工作，不赚钱也未尝不可。在这里，我并不想否定这一逻辑本身，毕竟可能有人即使不赚钱也要干自己喜欢的事。所以，如果有工作不为赚钱的觉悟，也是可以的。

关键是，这种觉悟是真正发自肺腑吗？有些人觉得本职工作不怎么赚钱，生活贫困，但是因为喜欢，所以这样过一辈子也能凑合。这种人生态度是不可取的。这种态度，必然会沦落到连基本生活也难以为继，最终被钱所困、被钱支配的境地。

相反，想要实现梦想，不能让钱牵着你的鼻子走。任由收入少而不上心，就得被迫在收入范围内安排生计。多数年轻时受苦但后来成就梦想的人，都对钱有着异常的敏感。

当然，我既不是说最好不要选择收入低的工作，也不是强调必须选择高收入的工作，而是要考虑即使收入少点，也愿意能从兴趣中找到快乐。在此基础上，好好琢磨赚多少合适，赚的钱能否保障自己的生活。先想好自己能赚多少钱，然后考虑这些钱能让自己住哪里，过怎样的生活而不依靠别人……深思熟虑后，接下来要联系现实，如果觉得切实可行，那么我也会支持这种追梦的人生。

# 当心，前方有坑

选择什么样的工作是一件大事，它会影响你的人生，也会左右你的幸福。虽然我不否定追逐梦想的贫困生活，但却坚决反对冥顽不灵。

如今这个时代，只要肯下功夫，不花钱也有可能生存下去。

如果你确实有梦想想要实现，那我希望你能把包括钱在内的一切，进行扎实合理的人生规划设计，我不想看到"不该如此"之类的后悔表现。

上述讨论可能和"赚钱"有点远，那么接下来我们稍稍将话题引到严峻的现实面前。

我们手里没钱也不至于无计可施，社会上还有借贷机构。钱除了靠自己赚，还有另一个"入口"，那就是借。兜里没装钱，一张信用卡也能购物。采用分期付款的方式，还可以减少每月支付的额度。有时候在努力追梦的过程中收入减少，有时候着急用钱却手头紧张，信用卡之类的借贷方式就十分便利。不过需要强调的是，胡乱使用危险重重！

越是需要节俭生活的人，越应该慎用。

我们在前面提到，借的钱必须还，当然除了本金还有利息。比如借了 100 万，利息 15%，那么一年后就得还 115 万，也就是说得多还 15 万。生活中钱不够需要借，借了的钱在还的时候比本金多。虽说这也是理所当然的常态，但生活瞬间就会出现破绽。

古往今来任何时代，社会上到处都存在借贷机构。因为简单便捷，所以很多人不加深思都争相去借。然而借钱容易还钱难，而且收入越少还起来越难（与钱打交道是个十分重要的话题，所以关于借钱方式，容后详叙）。

收入虽少但只要知道努力，就应该好好考虑上述问题。即使想实现梦想，也必须从积极方面与钱交往。这是我作为一名专业人士的一点看法。

# 珍贵的使命感

最后，我还要说一说使命问题。带着使命工作，是一种不可或缺的态度。也就是说通过工作，我们能否找到自己的使命和价值。

全力以赴做某项工作，做着做着不知何时就可能产生一种使命感。也许我们并不知道这项工作存在多大的困难，但仍然想奋力挑战。别人如何我们不管，但是自己想着一定要好好做完。使命，也可以称之为人生的价值或目的；使命会转化为动力，它能使生命充满意义。无论喜欢与否，面对自己所从事的工作，认真努力，执著进取，就会在工作中发现使命的存在。

　　能通过工作而发现使命的人是幸福的，这是一种与普通意义上只赚钱或为兴趣而工作截然不同的价值观。因此可以说，使命感会使生活、工作变得快乐，它是选择如何生活的指针。也许在选择工作之前，你就早已通过对兴趣爱好或特长的把握找到了使命所在。如果这样，那就去寻找可以完成使命的工作。活着，能够发现"为什么而活"的真正价值，着实是一件令人感到幸福的事。因此，我希望大家尽早以兴趣爱好或自身特长为基准，思考自己可以做什么，然后努力实现自己的梦想。

# 为什么我们必须接受学校教育

如果在学校开"关于钱的课程",就可能遇到上述疑问。

"为什么必须学那些东西?那些东西和现在的知识体系有关吗?"对高中生来说,可能考虑将来就业的情况比较多。比如背历史知识,学习物理、生物,等等,不正是为以后工作做准备吗?所以有上述疑问就不足为奇了。

我就曾经很讨厌初高中时代的学校教育,但又没有办法。如今还记得课堂上讲的碟状幼体、海蜇螅状幼体。这些词汇专门用于说明水母的生育过程，当时必须默记下来。当时我也不断思考，记下这些词汇对人生有什么意义。

时过境迁，如今要是有人来问我"学习有什么意义"，我会告诉他学校教育必须认真对待。

如果小时候就发现自己的兴趣点，然后花费大量时间在上面，可能就会觉得学校教育并不重要。比如喜欢电车，就一股脑地钻进去研究；喜欢赶时髦，就尽可能地积累时尚方面的知识。

关键是，既能执著其中，又能学无止境。

不感兴趣的事情记起来颇为困难，可是感兴趣的事情却能瞬间记在心间。想必大家都有类似的体验。再比如追求自己喜欢的事情，做一些自己擅长的工作，常常会无限快乐；而这些快乐，都会转化为各种动力。

尽管如此，我还是会强调"学校教育必不可少"。理由是，无论你朝着哪个方向迈进，都需要学校的教育来铺垫，来夯实基础。人生的旅途，也许会急匆匆地进行方向转换，这时候，广博的知识，绝不会显得一钱不值。课堂上教科书中的一篇文章，有可能会改变你的人生方向，有可能突然让你大脑灵光乍现，甚至还可能让找不到兴趣所在和特长之处的人惊叹"找到啦"。这一切都说明学校教育是通向世界的大门。孩提时代，尽可能站在更多的大门前，对于最初并不感兴趣的课业，不妨先在门口观望一二。也许正是孩提时代，才有机会全面而广泛地学习知识。当我们回首往事，就会发现人生的很多道理，都源于当时课堂的启迪。

对于世间万事，先得有好奇心驱使。我想，打开眼界看世界，对于自己来说什么事能带来快乐，什么事有吸引力，一试可能就有结果。在各种尝试中，就会发现自己的兴趣和才能。

第 **4** 课

# 拿稳定工资的时代过去了

# 轻松稳定拿工资已经行不通啦

2018 年，日本的劳动力大约为 6000 万，其中 90% 左右在企业上班，每月领取固定工资。

从收入方面来说，固定工资可以保障安定生活。工资每月照发，然后按照每月的收入安排生活的支出，大概是每个工薪阶层的节奏。

以前，很多人都希望从学校毕业之后在一家公司一直工作到退休，在此期间每天西装革履，在同一个时间乘坐电车到同一个地方，下班后再乘坐电车摇摇晃晃赶回家，如此数十年如一日。由于日本的企业大部分都是"终身雇佣"制，只要你中途不辞职，就不但可以在退休前领取固定工资，还能保证每年都会加薪。所以，不少人都愿意选择到公司上班。

我小时候，歌曲《五万节》非常流行。其中"工薪族呀，听说你的工作超爽。醉到第二天，睡到大早上，只要打卡上班，就又开始体体面面……"这首歌确实表现了日本沿袭至今的工作方式。

可能有人觉得我想多了，但是纵观世界，日本在这方面几乎独一无二。

近几年，网络的发展使得整个世界的"工作方式"大为改变，日本也随之开始发生变化。首先，任何人都可以发送信息，任何人也都能在网上便捷地搜集到信息，而且由于网络的连接，不用去公司也能完成工作，世界范围内人与人之间可以简单高效地沟通。这些变化，导致工作方式、选择方式出现重要改变。这样一来，选择自己喜欢或感兴趣的工作的机会也大大增加。

一辈子只需到一个公司，无论对工作喜欢与否，擅长与否，只要每天正常工作，那么到去世都不用担心工资问题的时代已经结束了。也许有人会感到不安，但带来的好处是"做喜欢的工作，过喜欢的生活"，或者"不用一生只重复一份工作"，甚至可以"搞搞副业"。这也意味着更多的人可以选择更加自由的生活。

最近大受欢迎的"优客"就颇有代表性。其中，既有人依靠优客全职谋生，也有人一边上班一边兼职赚收入。优客主要通过有多少人收看你的视频而决定你的收入。今后，人不依赖于某个组织而直接面对世界的工作方式将越发变得可能，之前每月固定领取工资的日子也将不断改变。所以，有可能在某个时候大赚一笔，同时有可能在某个时候分文没有的情况也会越来越普遍。因此，如果我们没有更强大的能力去掌控金钱，那么人生可能就会变得更加艰难。

# 你才是自己人生的守护神

在"工作方式"发生改变的洪流中，终身雇佣这种日本特有的雇佣现象将寿终正寝，虽然到公司上班仍然是主流。只不过有所不同的是，作为公司职员，那种与同龄人享受同样待遇，并且在不出意外的情况下每年都会一起涨工资的"轻松工作"将一去不复返。因为，日本的企业和欧美一样，正在朝着以能力、成果来决定工资待遇的方向发展。

有大成果就给高待遇，没有达到目标要求就减薪甚至炒鱿鱼，这种做法其实符合物物交换的天然逻辑。

对于别人的需求，自己可以提供相应的东西，这样就可以获取与之等价的报酬。在这种情况下，价值大小随着供需随时发生变化，可以说是再自然不过的事。与之相比，不如说终身雇佣有悖常理。

好在在同一公司工作到退休的现象已经退出主流。不断跳槽，直到去能够认可自己能力的公司，既能提升自己的业务水平，又能获得丰厚的报酬。当前，这种工作方法正在成为理想时代的宠儿。

比如，我们在 A 公司工作并掌握了相关技能，就可以带着这种经验跳到 B 公司，甚至之后还可以再到 C 公司谋取更好的职位。此外，我们还可以选择自由职业，或者自己创业，闯出一片天地。为此，也可能需要为取得某种资格、技能而到大学或者研究生院学习深造。

此前，公司建立了各种完善的制度来保障每个员工的生活。但是，在跳槽成为常态的情况下，如果不充分考虑去什么样的公司工作，采取什么样的工作方法赚取多少收入，以什么样的节奏一步一个脚印，甚至辞职之后怎么办等问题，就会给自己带来很多麻烦。

此前，在一个公司工作到退休之后理所当然地能领取"退休金""企业年金"等保障退休生活，但现在大家必须做好自己的人生规划，认真筹划一生应当如何花钱，又如何赚钱。

我们进行人生规划，无论是寻找工作的匹配度，还是以兴趣为先导，最重要的是冷静客观地分析自己可以创造多大的价值。也就是说，我们必须认真考虑我们能为对方提供什么，我们提供这些需要什么样的环境。对此，对方能否给予我们相应的报酬。技术或者能力是我们可以提供给企业或者社会的东西，稿酬或者薪资是自己通过工作应该获取的东西，两者是否匹配，我们需要心里有底。

自己的生活只能靠自己。为了生活，金钱绝对必要且必须。

之前，日本的企业忌讳在面试时询问待遇等和金钱有关的信息，现在这种情况变得越来越少；而且同一家企业，待遇也会因工作方式之类的差异而大相径庭。

在这个时代，对于就职或者面试，大家会理所当然地了解待遇等与金钱有关的问题。请大家不要误解，这种认真而坦诚的沟通，并不是说要以待遇的高低判断工作的好坏，主要是借此了解公司对你的能力是否评价得当，公司的待遇是否与自己的期望相匹配，甚至要思考从事这份工作能够过上什么样的生活，工作与幸福生活是否能够兼顾等等，都需要在沟通中释疑。

# 不做工薪族的自由职业者

　　如前所述，日本的劳动者中约九成是公司员工，他们付出劳动，公司发给薪酬。那么剩下的一成呢？剩下的这些人，其实可以统称为自营业者，他们自己经营，自己赚钱生活。也就是说，日本十个人中有一个人以自营的方式劳作生活。

　　自营的种类多种多样。比如村镇的蔬菜店或者蛋糕店的老板，基本上都是自营业者。发型师、设计师、摄影师、漫画家等职业，大多都是自营业者。此外，还有从事农业、渔业、畜牧业的人，举不胜举。

与公司员工最大的不同，就是自营业者在开始相关工作之前，需要有一定的知识和经验。比如既有像料理师或工匠一样要从学徒做起，然后经过若干年的学习、实践才可以出道的职业，也有像系统工程师、程序员一样在公司上班然后积累经验的工种。当然，他们在经验积累之前，既可以进入大学或专业学校学习知识，也可以接受考试取得专业资格，途径也是五花八门。

此外，自营业者从事同一职业，也会因个人能力、工作方式的不同而产生巨大的收入差异。比如一般企业雇佣的劳动力，无论他是正式员工还是兼职打工，都有最低工资保障，但自营业者就不存在最低工资问题，因为自营业推行的是成果主义。有的人可以通过自营，把事业做得顺风顺水，数十年后当上大公司老板，也有的人从事自营后每月收入无法保证，然后不得不再回到公司当一名员工，或者干脆兼职维持生计。

尽管如此，自营业可以让自己独立思考，自我抉择。如果在这一过程中遇到自己愿意尝试的工作，那么就有挑战的价值。自己怀揣理想去挑战未来，日后回顾所有的经历和收获，就会觉得有欢乐，也有价值。

# 什么是自主创业

作为工作的一种，我这里特别想对创业进行说明。所谓创业，就是开启新事业，创造至今未有的新型服务或者商业模式。着眼于新领域的新企业，也称为风险企业。

大家应该都听过苹果公司的创始人史蒂夫·乔布斯，Facebook（脸书）的建立者马克·扎克伯格和微软总裁比尔·盖茨等人的名字。他们取得巨大成就，正是因为他们为世界提供了前所未有的东西。

2018 年，苹果公司成为世界范围内企业价值总额第一个突破 1 万亿美元的企业，但是有谁知道，它刚开始只是一个名不见经传的小企业。乔布斯的起步，最早源于他年轻时受邀为朋友史蒂夫·沃兹尼亚克检修电脑线路。

乔布斯家中的日历上写着这样的话，大意是以现在的水准来看，他们制造的首台个人电脑"苹果 I"，就像是玩具。

与乔布斯创立苹果相近，Facebook 则源于马克·扎克伯格大学时代面向学生提供的网络服务。现在，它的市价总额已跃居世界前列。

这些人都是白手起家，然后将一个小企业在短期内打造成世所罕见的大公司。

如果大家都随波逐流地做同样的事情，其结果就是只能获取同样的东西。这些东西不仅仅是金钱，还包括幸福感、喜悦度、劳动价值、成就感、别人的信赖等等。如果比一般人做出更大的贡献，或者让别人获得更多幸福感，那自己也会获得更多的幸福。

乔布斯、扎克伯格等获得巨大成功的人，总而言之都在于敢走不同的路，挑战新事物，然后创造前所未有的东西，从而改变世界。

创业，就意味着创造上述可能。当然，创业并不会简简单单就成功。近年来，日本平均每年有 12 万—13 万家公司诞生（这一数据并非都是基于新思想而诞生的风险企业），但是能够获得投资者资金助力的风险企业只有 1000 家左右。通过数字对比我们不难发现，创建一家新企业，获得投资者的青睐是多么不易。可以说，大多数新创企业的公司最终都会以失败告终。至于乔布斯、扎克伯格等人，只能说是众多创业者中的奇迹。当然话说回来，大家不是不可能创造奇迹，能不能创造奇迹，只有尝试才能证明自己。

# 99% 的创意点子不会落到实处

作为投资者，我那里堆砌着许多未知成功与否的新点子。要让点子以实物的形式输送到社会上，就需要资金来助力。这里所说的资金，就是投资。

即便有 100 个新点子在我面前，让我真正动心投资的可能只有一个。甚至坦率而言，更多情况下是一个也没有。也许我的判断过于严苛吧，我一般不投资自己不懂的领域，所以我没有投资的地方，其他人去投资也可能获得成功。

总之，创业并获得成功绝非轻而易举。一个人单干还好，要是多人一起打拼还得考虑其他人的生活。对雇佣的员工来说，受不了可以辞职，但对于经营者来说，没有别的选择。关闭企业固然可以让一切终结，但这么做所要遭受的打击，远非一个人从企业辞职可比，因为这样会使信任自己、一直为自己辛苦工作的员工甚至他们的家人陷入困境。

那么，怎么做才能让创业获得成功呢？

即使是乔布斯、扎克伯格，他们最初也只是从想法、点子开始：

"花好几亿元能使电脑实现小型化，世界上每个人都可方便使用，这对我意味着什么？""通过网络就可以十分便捷地得到朋友的消息，岂不是很有乐趣？"

这样的点子，唤醒了他们。

在日常生活中，你可能若有所思，若有所悟。比如，大家正在为何事困扰，有个什么东西最好，是不是自己可以造出某个东西，或者这样做会增加便利，这样的服务可以让生活更加如意，等等。每个人的脑海之中，都可能萌发这样那样的点子。

只不过，将思想转化为行动的人，只是一小部分而已；将行动进一步作为事业者，那就更是凤毛麟角了。点子和成功之间，存在无数的障碍。

乔布斯、扎克伯格的成功秘诀，就是能够在寻梦的过程中果敢地面对现实，跨越壁垒。为什么他们认为自己可以而没有中途放弃？因为他们确信自己努力拼搏的事业，未来必定会对别人和社会大有裨益。他们将改变世界视为自己的使命。因此，在坚持梦想的过程中，他们很可能快乐无比。至于克服千难万险后的新世界，对他们来说，最终可能只是一种看得见的"理想"。

　　为了寻求使命，胸中就得有理想。关于使命，上面已有提及，它就像沿着目标往前走的过程中，了悟自己应该做什么，清楚属于自己的担当；而理想，其实恰似远一些的目标。使命和理想，正如同腾飞的左右双翼。有了改变社会的理想，就会产生追求理想的使命。工作只是通往使命的路径和手段，而达成使命的道路当然不止一条，包括工作在内，很多事我们都大有可为。此路不通可往彼路，彼路不通不妨绕道而行。如此只要树立理想，明确使命，即使在途中遇到坎坷和挫折，也不会误入迷途；即使遇到重重困难，也会努力克服。

# 世界悄然改变

随着科技的进步，即使无法像乔布斯、扎克伯格那样创办世界级的大企业，但创业显然变得更加简单。要想寻找新商机，开拓新领域，最为关键的是要有将金点子转化为现实的资金，其次还要寻找一起奋斗的合伙人。

我在前面也已提到，自己有钱固然没问题，可是当你只有金点子而需要筹集金钱的时候，那将十分困难。运气好的话，也许你会遇到愿意出钱支持你实现愿望的投资者，但在此基础上最终沿着崎岖之路到达顶峰的人，可谓少之又少。大多数情况是要么没有钱，要么资金用尽，理想还没转化为现实。

不过当前，看过给苹果、亚马逊注资的投资家们的成功案例，就会发现对于重启新商机的人来说，愿意提供资金支持的人大大增多。此外，随着"云基金"的建立，很多之前无法获得"投资"的人，自此开始就能够比较容易地汇集资本。在这种情况下，我们即使不去求那些与你道不同不相为谋的投资者，也可以坐在自家电脑旁，从世界各地广泛筹集到所需资金。也就是说，你大脑中忽然涌出的某个点子，有可能获得来自世界的资助，你的梦想也有可能因此变成现实。想到你的创业会给别人带来幸福，会让别人得到帮助，你的激动之情也会油然而生。

如果你的点子好，有亮点，加之再有一套深思熟虑的缜密方案，为你提供资金支持的人肯定会比以前翻番。对于有点子但因缺乏资金而导致梦想无法实现的优秀人才和公司来说，当前的机会无与伦比。

另一方面，通过云基金，非专业投资的普通人也可以在自己的能力范围内进行投资。也就是说，对于自己有共鸣并愿意助其一臂之力的公司，无论金额多少，自己都可以为其出一份力，而且对于所投资的企业的发展，自己也可以时时关注。说到这里，大家是否已经动心？

当然，现实不会那么容易。

比如钱没筹够被迫流产，筹到了钱后点子却没能顺利转换，或者转换成功但却得不到社会认可……坎坷实在太多太多。尽管如此，也必须尝试。我不但能理解很可能无法顺利推行的举动，而且还会期待有人去大胆挑战。与其不尝试就放弃，不如去挑战争取。

如此这般，一次次的失败孕育一次次的成功，世界就会因此逐渐改变。

创业就是创造新事业，带来新希望，从而引导世界不断走向辉煌。

金点子可以改变世界，丰富人类的生活。

投资，就是使用金钱这一工具，为别人提供帮助。

也许某个时候，我可能成为你的首位投资者。我们共同期望，那个时候的到来。

# 我的使命

目下，世界正在发生翻天覆地的变化。据说人工智能（AI）的出现，使得之前很多由人类完成的工作被取代。实际上，这种情况会在不远的将来越来越多地被实现。面对这样的时代，我们更需要考虑选择什么样的工作才好，采取什么样的工作方式才妙。因为传统的理论可能已经失效，只有不断思考，才能在前进的道路上风调雨顺。

要问如何做才能抓住关键，我觉得就是认清自己。比如要知道自己擅长什么，自己认为幸福是什么，自己喜欢做什么，自己能为别人做些什么，自己的使命感是什么……认真思考"自己想做什么，能做什么"，就会找到 AI 无法取代你的"某种东西"。这种"只有人能做的事情"或者"只能自己来做的工作"，在今后会变得越发重要。由此可见，我们的使命就必然隐藏在这里。

那么，我是如何不断寻找自己的使命的呢？关于我最初工作的理由，以及找到使命后独立创业，如今又以怎样的心情工作等问题，我想从工作、使命、价值等关系角度入手，来谈一谈我的经历。不敢奢望我的看法对大家有什么参考，大家只当一个过来人的经验来听便好。

从小就十分喜欢金钱的我，在 10 岁的时候首次购买了父亲常喝的札幌啤酒股票。之后，我每天都要细读相关报纸，并在思考买什么股票能赚钱的过程中乐此不疲。我能成为一名投资家，其实在当时已经决定了。

　　除了金钱之外，我对生物也很感兴趣。初中阶段，我一直是生物研究部的成员。起初上大学考虑选专业时，也打算学学水产专业。当时我虽然有当一名投资家的想法，但同时也考虑到如果不能如愿，就从事自己非常喜欢的鱼类研究。

　　结果，我考入了法学部。

　　父亲告诉我："为了了解国家，那就当公务员吧。"父亲出生在中国台湾，战后曾被剥夺了日本国籍，后来和母亲结婚后，再次成为"日本人"。因为有这样的经历，比起普通日本人，父亲似乎对日本有着更为深入的思考。

　　正如父亲所愿，毕业后我参加了国家公务员考试，然后到通产省（现在的经济产业省）任职，而且一干就是十六年。当时我的主要工作是完善相关法律，以便让社会秩序变得更好。每天，我都在思考"日本的理想状态"，并为此全身心地投入。政府工作既刺激，也有趣，虽然有些地方必须遵从组织内部的规则和理论，有些做法令人无法理解，但是我的工作却很有价值，它让我学会了与各种人打交道，也让我积累了人生的各种经验。之后，我遇到了一个重大转机——担任"公司治理"，并且将这种思维方式推向全国。所谓公司治理，其实主要就是发挥监管职责，负责监管公司经营是否严守法律规则，对股东来说是否处于最佳运营状态等等。

我刚到通产省工作的时候，日本经济实现了高速增长，可是到了 20 世纪 90 年代初，"泡沫经济"陡然崩溃。昨天的巨额资产，转瞬间化作云烟。许多公司倒闭，昔日的大老板破产，家庭的经济支柱失业……日本突然进入了凄惨的时代。看到大家很难摆脱这种境地，我觉得应该"让日本再度恢复元气""让公司重新回到可以给大家提供挑战的状态"。在我苦思冥想"我能做点什么，做什么才有用"后，终于找到了"公司治理"这一解决问题的办法。对于我来说，将"公司治理"推广到整个日本，就是我的理想。

为了让公司重燃活力，让大家有干劲，让整个日本都有精神，就必须让经历了泡沫破灭之后陷入自顾保守的日本企业积极运转起来。如果不这样，日本就无法重新振兴。因为我从小就通过投资观察了解过各类公司，所以觉得"也许自己可以解决这个问题"，甚至认为"舍我其谁"。于是，本着为了一个和谐、健全日本的理想，我明确了自己的使命和方向。

"公司治理"在欧美早已生根发芽，在日本却是近几年才逐渐被认可，它的影响力和重要性也正在上市企业中逐渐扩大。我之前在政府部门任职的时候，日本上市企业的老板，大部分对"公司治理"闻所未闻。我觉得，作为政府人员，我一定要努力把"公司治理"推向整个日本。如今回头来看，确实面临重重挑战，最关键的是相关公司着实不愿配合。也许他们觉得之前压根没听过什么"公司治理",不也取得了骄人的成绩?

在我看来,"这样下去,日本就会成为世界的弃儿"。为了完成自己的使命,我思来想去无论如何也得把"公司治理"推广下去。接下来,我觉得与其以政府人员这种第三方的立场告诉企业如何做,不如以投资者的身份直接参与到股票投资中去,也许这样可以让企业尽早了解"公司治理"的重要性。加之我本来就有当投资家的梦想,所以在这种想法的推动下,我就在年届四十岁的时候辞掉公职,建立了投资基金。

投资基金,就是募集大家的资本,然后通过股票投资等方式实现资本增值。作为基金负责人,即基金经理,我有权决定投资的额度和对象。

到头来,我还真从事了自己从小就很擅长并且后来一直喜欢为之的事情。当然,世间有很多被称为基金经理的人，他们个个都努力募集资本，寻求资本增值，甚至每日都在进行股票买卖。对此，为了让大家觉得把钱放到我这最合适，我必须证明自己要比其他基金经理拥有"更多让钱增值的能力"。

我虽然对基金增值抱有信心，但作为基金经理，毕竟那时候还没有拿出真正的业绩证明自己的实力。所以一开始，我并没有募集到资金。后来，我想尽办法把自己"通过投资让公司治理深入日本，从而将日本变得更好"的想法传递出去。这既是我的使命，也是我建立基金的初衷。

推广公司治理，会有什么好处呢？我们曾提到，钱是社会的血液，公司治理会让金钱流通更顺畅。正如前面讲的那样，我认为日本企业在没有任何明确理由的前提下，把大量的钱都存起来的做法很有问题，因为这样会导致应该流通的钱停止流动。如果能改变这个问题，日本的经济非但会变得欣欣向荣，而且从全世界范围来看也将别有魅力。对此，我深信不疑。

这样一来，与我有共同认知的人就会把钱存到我这里。起初募集到的 38 亿日元运行非常顺利，基金总额也因此快速增加。后来当我喊出"为大家赚钱"的时候，大家都愿意支持我，以至于七年后，我的可用基金额一下子猛增到近 5000 亿日元。设立基金，我大获成功。但是要问七年间改变日本的目标是否实现，答案却是否定的。其间经历颇多，这里无法详述，不过我在《投资家的一生》一书中，尽述自己作为一名基金经理，在七年间经历的成功、苦难以及辞职的原因，如果大家有时间，望请参考。

虽然辞掉了基金经理，但如今我依然是一名投资家，并且矢志不渝地为了让公司治理推广到整个日本而不懈努力。完成使命的方法（工作）不止一条，工作可以更换，但理想与使命永远不变。在担任基金经理的时候，我募集的资金来自很多人，因此我不能让这些资金出现亏损。于是，相对于对理想和使命的执著，我更多考虑的还是在我这存放资金的人的利益，也因此也导致了使命的夭折。不过如今，我终于可以用自己的钱来投资，即使有所亏损或投资失败，我也愿调整自己的心态，一心一意为使命而孜孜追求。

有人认为我的钱那么多，完全没有必要再工作。这样的话其实毫无道理。虽然经历过无数的厌弃与遗憾，但我觉得从事股票投资真的是一项绝佳之选，辞职不干才会令我痛苦不堪。工作是我的兴趣所在，也是我完成使命不可或缺的途径。

工作让我意识到使命所在，使命也是我生命的价值体现。工作中，我遇到过无数的烦恼、不顺与心酸，但是能够从事自己擅长和喜欢的事情，能够在工作中寻求使命，我觉得无比幸福。此外，我还要感谢一直以来支持我追逐梦想的家人，还有一直陪伴在我身边的孩子们。

第 **5** 课

赚钱存钱，钱生钱

# 钱自己生钱

　　把挣的钱攒起来，然后投资增值，增值之后再投资。这种循环方式十分重要，因此我在前几课也曾多次提到。在本堂课，我将围绕如何存钱才能使其增值一事略陈己见。首先，我们先从存钱说起。

　　我的父亲有不少口头禅，其中一个是之前提到的"钱不喜欢寂寞"，另一个就是"没钱什么也干不了"。

　　所幸的是，我打小就不喜欢乱花钱，所以投资增值后的钱我一般不会随意用掉，而是继续投资使其增值。就是这样，一直循着存钱然后投资增值的路子。当时，我也没有什么特别想买的东西，这么做只是想着以防万一。现实告诉我们，等用钱的时候，手里的钱越多越有保障。为了那一天，我们就得从现在开始努力存钱。即使你没有什么具体的梦想，也要想方设法让存起来的钱不断增值。

那么要存到什么时候呢?

我觉得40岁比较合适。我40岁之前在政府机关工作，所存工资都用来投资增值。40岁的时候，我开始以专职投资人的身份开启人生新阶段，而之前的储备则无疑成为我实现梦想的翅膀。

需要略做补充的是，第一课中提到的"存储"是指阻止金钱流动的行为，而这里的"存钱"则与之有所不同。具体说来，"存钱"是有目的地使钱增值，比如存到多少钱可以买房，存到多少钱可以干一番事业，等等，都以明确的用途为指向。相比之下，"存储"则毫无目的，只是不把钱放在手里而已。

当然，包括存钱与否在内，钱的使用因人而异。例如比起存钱，有人会押宝高级跑车，有人会收藏名贵手表。诸如此类。如果自己觉得如此花钱比较舒心，也未尝不可。

不过从我的经验来说，钱的本质在于钱能生钱，这就和鸡下蛋，蛋孵鸡一样。要知道，空空如也永远是空空如也，所以刚开始我们需要先存钱，存起来的钱就相当于有了可以孵化小鸡的蛋，如此往复，这些钱就可以在人生的不同阶段发挥作用。无论选择什么样的人生，首先都要从存钱开始进行。

# 生钱的蛋 = 两成收入用于存钱

那么，怎么样的存法才可取呢？正如我一开始所说，每个人成年之后都会应付每日的诸多烦琐，几乎无钱可存。特别是刚上班，工资又少但又必须租房、买正装……支出远大于收入，因此想要用余钱投资，简直难上加难。

即便如此，我还是建议大家能够回归理性，将赚来的钱 70% 用于生活，10% 用来娱乐和发展兴趣，剩余 20% 存起来以备不时之需。这 20% 就相当是"生钱的蛋"。简而言之，将赚来的钱七成用于生活即可。日

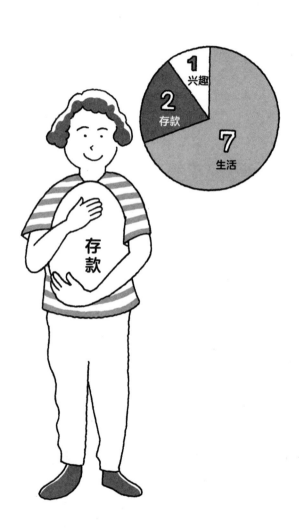

后若收入变化，存钱比例可适当调整。

如何才能使钱生钱呢？你把收到的红包放进抽屉，肯定不会增值。钱生钱，有其道，那就是得让钱循环起来，运转起来，也就是让钱流动起来。正如山顶上的溪流在入海之前汇成大河一样，钱会随着流动而增值。

一有钱，很多人可能最先考虑的是存到银行。此外，也有人可能已经开了户。仔细看开户单，就会发现上面有利息栏。这里的利息虽少，但也是钱生出的钱。

所谓银行，就是将很多人存入的钱贷给需要的人的机构。从银行贷款的人，需要付给银行利息，银行会把这些利息的一部分再支付给存款者。如此运作，存入银行的钱就在社会中流通起来。

100 万元      100 万元

借      存

银 行

105 万元      101 万元

还      收到

（利率 5%）      （利率 1%）

105 万元 −101 万元 =4 万元

这就是银行收入

然而近年来，存入银行的钱所带来的利息极低，所以把钱存入银行意味着几乎不会增值。日本银行的平均利率是 0.001% 左右。比如 100 万日元存入银行一年，所获利息只有 10 日元，那么这些钱几乎就不能称为"生钱的蛋"。而中国活期存款基准利率为 0.35%，100 万元存入银行一年，所获利息有 3500 元。

另一方面请大家注意，存入银行的钱甚至还会减少。这里的"减少"，并非实际金额的减少。对一个经济持续发展的国家来说，如今的 100 元五年之后就很可能不会再值 100 元。金钱价值尺度的下降，就是通货膨胀。

比如十年前，一碗拉面大约 5 元，那么如今为什么价格翻倍了呢？原因就在十年间，金钱价值减半。同理，十年前 100 元可以买到的东西，如今就必须支付 200 元。

　　我们不妨设想十年前将 1 万元存入银行，利率是 0.35%，到现在本金加利息也只有 10 350 元。

　　这时候，我们就必须思考这样一个问题：十年间，收益只有 350 元，可是 1 万元自身却价值减半。所以将钱存入银行，钱实际上是"减少"了。

十年前　　　　　现在

¥5　⇨　¥10

# 风险与回报

　　好不容易辛辛苦苦攒了点钱，可是仅存到银行，不要说等着钱生钱，就连原有价值都会大打折扣。这样的话，把钱存到银行就没有什么意义了。纵观世界各国，日本人最喜欢把手里的钱存入银行。然而相比银行存储，世界其他国家的人往往更愿意将大量余钱用于投资。这里的投资，既包括债券、不动产，也包括红酒、玉米，真可谓对象众多、五花八门；如今就连虚拟货币，也成了投资对象。

如果脑子里想着"比起现在投出去的钱，将来收益将更可观（也称回报）"，那么就去投资吧。

一般来说，投资所获要比把钱存在银行的回报更多。从长远来看，更加如此。比如投资某物，即使遇到通货膨胀，该物的价格也会随之上升，并能反映当时的对应价值。还是刚才提到的例子，十年前投资 1 万元，到现在至少也应该升到 2 万元。

那么典型的投资对象股票是怎么一回事？股票当然会反映相应时代的钱的价值，但从个别来看，股价和投资者对公司的经营及未来发展的判断息息相关。如果一个公司努力经营带来事业长期发展，盈利颇丰，那么十年前花 1 万元购买的股票，现在可能就会飙升到 20 万元。如果一个公司中途倒闭，或者业务不顺难以盈利，那么相应的 1 万元就可能变成 1000 元，甚至打了水漂。

也许大家都听过投资风险的问题。当风险用于钱时，一般是指钱存在减少的危险性。确实如此，相比银行存储，即便是预想着稳赚的投资，也会伴随风险，甚至有可能血本无归。

投资之后获取的回报与投资带来钱财减少的风险，存在一定的规律。一般来说，低回报低风险，高回报高风险。所以在考虑如何才能投资增值的时候，千万不要忘了回报与风险相伴相生。

也就是说，你想获得多少回报，就得想清楚面临多大风险，甚至万一倒霉，还会损失多少钱。想赚个盆满钵满，于是把手里的钱都拿去搞高风险投资，一年后可能收益翻倍，也可能血本无归。所以，要想有好的收益，就得权衡回报与风险的关系，选择适合自己的投资项目。

在分析了自己实力的基础上，或多或少不妨先试试水，将自己的一部分资产用于社会投资。纵然有些风险，但不去投资就不能有所收益，而只有投资才能促进经济发展，社会才能随之进步。总而言之，你投资出去的钱，会以各种形式和更大收益返回到你的身边。

说到这里，大家有何感想？是的，把钱拿出来投资增值并不简单。无论选择什么方法，都会存在一定风险。如果有人问"有没有低风险又简单的增值方式"，我的回答是"无"。有很多人希望我传授他们"赚钱高招"，也许未来我也会写类似的书，但是现阶段，我能告诉大家的是，赚钱没有捷径，也没有魔法。我曾多次提到，做任何事情首先要自己思考清楚，养成用数字判断事物的习惯。具体做法我稍后会再讲，但投资之时，必须切实弄清"期待值"这一极为重要的思维方式，这才是保证增值的首要因素。

# 增值的秘诀：期待值

我通过投资股票获得了回报，而我在投资股票时，最重视的就是期待值。

所谓期待值，就是赚钱率。比如购买 100 元的股票，将来涨到 300 元或者降到 50 元的可能性会有多少。对此，要想方设法努力预估，算出期待值。如果预估 100 元翻三倍变成 300 元的可能性是 10%，缩减一半变成 50 元的可能性是 90%，那么这时候的期待值就是 3×10%+0.5×90%=0.75。

当 100 元的股票保持不变的可能性是 100% 的时候

$$1 \times 1 = 1$$
（1倍）（100%）　　（基准值）

A {

股 ¥100 → 股 ¥300　变成 300 的可能性是 10%

→ 股 ¥50　变成 50 的可能性是 90%

$$(3 \times 0.1) + (0.5 \times 0.9) = 0.75$$

B {

股 ¥100 → 股 ¥1000　变成 1000 的可能性是 10%

→ 股 ¥50　变成 50 的可能性是 90%

$$(10 \times 0.1) + (0.5 \times 0.9) = 1.45$$

期待值的基数是1，这就像是买入100元的股票，到后来原封不动还是100元。当100元的股价保持不变的可能性是100%的时候，那么期待值就是$1 \times 100\% + 0 \times 0\% = 1$。以此为基数，大于1就意味着期待值高，小于1则意味着期待值低。期待值越高，赚钱的可能性就越大。那么，如果买入100元的股票翻十倍变成1000元的可能性是10%，缩减一半变成50元的可能性是90%，那么期待值就是$10 \times 10\% + 0.5 \times 90\% = 1.45$，大幅超过1，赚钱的可能性就很高。

期待值作为一种需要预估的数字，与猜拳猜十次赢几次的情况有所不同。它即使赢的可能性很低，但在极低的可能性中所得的数字有多大，则是其主要参考。

此外，期待值会翻几倍，它用百分比来表示"可能性"的时候是多少，我们必须换算成数字推断清楚。

至此，第一课提到的"用数字衡量事物"就有了用武之地。国家的GDP、人口、国债等重要经济指标自不必说，汇率、土地住宅价格、平均收入等，全部用数字呈现。首先，我们要把这些数字刻在脑中，然后通过自己的方式予以整理、归纳，那么某个国家在世界的位置和今后的发展愿景便得以把握。在此基础上，根据自己的经验和感觉，用期待值的计算方式来决定投资股票还是土地之类。这样一来，选择哪个国家的哪种投资，就不言自明了。

决定了投资对象，就得搜集详细数据。以股票为例，必须尽可能把业界总体规模及部分企业的业绩及其发展变化，资产情况、借贷金额、员工数量等数据印入大脑。这样，便可以通过数字宏观了解某个国家在世界的位置及其发展状况，企业业绩等所有数据，从而依据这些数据推导出期待值。

期待值并没有标准答案，每个人可以根据自己的经验和研究轻易得出相应的结果。从这个意义上说，推算出来的期待值是否比较精准，其实和自己不断积累的经验密切相关。此外，当时的客观状况如何，发生突发状况时如何应对，在条件顺利时为了提高期待值如何处理，都会影响期待值的高低起伏。

不过，"用数字衡量事物"可不能想着临时抱佛脚。要从小就开始练习对数字的敏感，要反复练习记忆数字和用数字进行思考，这一点十分重要。

# 学习壁虎，断尾求生

一般情况下，回报率和风险成正比。投资股票中遇到的风险，可能会导致血本无归，也可能带来巨大损失。当期待值是 20×10%+0×90%=2 时，1 万元变成 20 万元的可能性只有 10%，变成 0 元的概率则为 90%，这时候打水漂的可能性就很大，绝大多数投资者都不会去投资。但是，我却要反其道而行之。为什么呢？因为期待值远大于 1，所以我会考虑出手。我所关注的重点，是 1 万元变成 20 万元的概率能否从 10% 有所上升。

这就像是风投，"很可能血本无归，但只要成功就能一本万利"。那时候，我会充分动用自己的人脉和网络资源，助力所投资企业顺利发展，即使发展的结果微乎其微。这样做，就可以提高期待值。

关于期待值，还有一点需要注意，那就是"割肉"，即在下跌的情况下卖出股票或外汇之类的行为。观察周围我发现，多数在投资方面的失败者，都不擅长"割肉"。

割肉和"壁虎的尾巴"是一个道理。壁虎在自己的尾巴被咬住或者夹住不能动的时候，会自断尾巴逃走。因为在那种情况下，壁虎虽然失去了尾巴，但却保住了性命。

事物的发展前景比较诡异的时候，有人会觉得"投出去的钱可能赔掉"，有人会认为"也许还有办法解救"，犹豫之间损失可能更大，扭转乾坤的可能几乎为零。投资前景诡异的时候，后期基本上会继续恶化。因此在损失尚小的时候，很多人都会断然抛舍，显示出一种决断的精神。

因为理解起来比较容易，我曾以股票投资为例来谈期待值的问题。期待值可以应用于人生的方方面面，我也常常教育自己的孩子用期待值来分析问题。

期待值与"幸福标准"不同，大家在为追求幸福而花钱时，没有必要在意期待值，但是想要"会花钱"或者"让钱增值"时，就不得不重视期待值的力量。

比如，买生命保险时，你得预估有多大可能性进行投资。如果不投保险，自己把钱放在银行能否规避风险？为了提升能力而打算学习某些知识技能时，获得的回报能否超过学习费用？上面提到的"可能性"问题，有没有办法进一步提高？在碰到类似各种问题的时候，不妨都用"期待值"来分析考虑。

# 期待值提升课

要想提升期待值，通过游戏训练就可以实现，比如我在第二课提到的游戏，具体来说就是餐后猜测一顿饭的价钱。在游戏过程中注意观察对手的反应并随时改变自己的战略，使对手看不懂自己的意图而最终赢得胜利的做法，和引导期待值，促使期待值上升的道理几乎一致。

比如说扑克牌游戏，微软创始人比尔·盖茨和投资商沃伦·巴菲特都十分喜欢。我虽然几乎不玩，但玩过之后，确实发现通过游戏可以读懂对方的心理状态，了解对手是否高明，从而决定自己如何出手，等等。可以说，扑克牌游戏在某种程度上是商业必修课的精华。

我的大儿子扑克牌玩得很好，甚至还拿过学校组织的扑克比赛学生赛冠军。他觉得要赢，最主要是找到比自己"弱的对手"。这里的"弱的对手"，就像不认真计算期待值（或者是无法计算），在自己需要降低它的时候无法判断是否降低，不用降低它时却偏要降低的对手。当这种对手消失后，马上退出比赛，然后等待"弱的对手"再次出现。相反，当对手很强，这场游戏的期待值不超过"1"的时候，就会难辨胜负。此外，在这种游戏中，还需要通过对方的衣着、言行、表情等，综合判断对方是不是在紧急情况下敢于抛钱的人，这些最终都依靠直觉加以判断。

越是看似简单游戏中难以控制的地方，越能提升商业活动中的判断力。

不仅仅是扑克牌，游戏中潜藏着许多我们需要培养的生活或生存能力。我家有四个孩子，他们从小就经常和家人玩游戏。我想介绍一下其中比较有代表性的游戏，同时为了让大家逐渐习惯期待值式的思维模式，大家不妨和家人或朋友一起来玩。

## 猜拳游戏

这是一种双人游戏，一场游戏中，每个人分别出石头、剪刀、布各两次。从概率的角度来说，每个人胜负概率各占一半。比如一胜一负一平三种情况下，自己先出石头两次，出剪刀一次，对方先出布一次，出剪刀两次，剩下的三次机会自己的出拳方式有三种，对方的出拳方式也有三种，组合起来总计有九种结果。对于接下来的九种结果，先不要管之前的一胜一负一平，剩下的顺序无论如何出手，自己都不可能输。简单来说，自己平和胜的概率是 2:1，通过观察对方的行

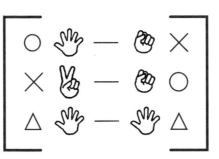

一胜一负一平

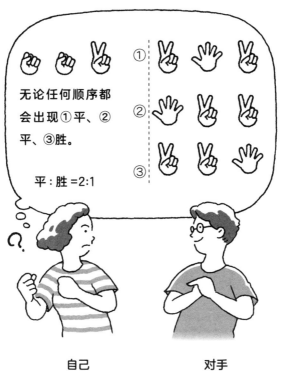

无论任何顺序都会出现①平、②平、③胜。

平：胜 = 2:1

动和心情变化，期待值就可能提高。这种思考，需要在大脑中瞬间进行。也就是说，一边分析对方的出拳方式，一边思考自己如何出拳至为关键。

在这里，自己最终想要获胜，剩余的三次出拳需要全胜。如果自己出石头，对方出剪刀胜两次；自己出剪刀，对方出布再胜一次，自己就赢了。对此，要瞅准自己仅出一次剪刀赢对方布的时机，就必须认定对方什么时候进入防守。

顺便说一句，我刚开始平的时候，下一步往往出同样的拳。因为在我看来，对方只有两种选择的拳，一种已经用过，剩下的一种不可能马上出来。这样一来，对方和我一样，在不出同一种拳的前提下，就会出不输的拳，从而使我输掉第二局的可能性非常大。那么，第一次和第二次出同一种拳，两次都平的时候，胜负的概率会是多少呢？其实最终胜负概率为零，最终还是平。

　　猜拳游戏，从游戏的层面来说十分简单，可是通过这种游戏能够理解对方的"把握现实的能力"，弄清对方什么时候会规避风险。一般情况下，大家都不会连续出同样的拳，但是在游戏开始就有意连续如此，就会打破对方的规律。在我的孩子中，长子和长女都是不善变化的性格，二女儿则不同，她只要看出对方的行为规律，就一定要取胜。13 岁的二儿子比较善于应对变化。从游戏胜负的结果来看，我的这些孩子带给我的是喜忧参半，但随着年龄的增长，他们学习我的性格，逐渐掌握了在变化中掌握胜负，并养成了在积极挑战中赢得先机的习惯。

## "31" 游戏

　　这种游戏可以检测一个人瞬间记忆数字的能力。游戏规则很简单，就是两人交互说数字，谁说了"31"就算输。

第一种情况，比如按照最少是一个，最多是三个的方式推进，其必胜方法就是自己先说，每次把自己说的数字个数和对方说的数字个数合计起来保证是4。

第二种情况，如果按照最少是一个，最多是四个的方式推进，其必胜方法就是自己后说，每次把自己说的数字个数和对方说的数字个数合计起来保证是5。

为了确保胜出，关键点就是自己最后说出的数字要是30减1，即无论如何最后说出30就算胜利。为此，就得按照一定的数字倍数来说。这里的一定的数字，就是一个人可以说的数字加1（我们暂且将这个数字称为A）。

相反，从30里面不断减A，就能知道自己必须说出的数字。比如，无论对方说出几个数字，自己只要算出从A里面减去对方推进的数字，就是自己应该推进的数字。

| 三个数推进的时候 | 四个数推进的时候 |
|---|---|

**三个数推进的时候**

| | | | 31 |
|---|---|---|---|
| ㉚ | 29 | 28 | 27 |
| 26 | 25 | 24 | 23 |
| ⋮ | ⋮ | ⋮ | ⋮ |
| 10 | 9 | 8 | 7 |
| 6 | 5 | 4 | 3 |
| ② | 1 | | |

30 ÷（3+1）= 余数

**先出必胜**

**四个数推进的时候**

| | | | | 31 |
|---|---|---|---|---|
| ㉚ | 29 | 28 | 27 | 26 |
| 25 | 24 | 23 | 22 | 21 |
| ⋮ | ⋮ | ⋮ | ⋮ | |
| 10 | 9 | 8 | 7 | 6 |
| ⑤ | 4 | 3 | 2 | 1 |

30 ÷（4+1）= 没有余数

**后出必胜**

以第一种情况为例，如果对方每次说一个数，自己就说三个数；对方说三个数，自己就说一个数，这样每一回合的推进数就会保持不变，这个数字就是 A。按照倍数规律在一个回合之中，只要自己不是后说，数字 A 就不会出现在自己一侧。

比如 30 减去数字 A，这里的 A 是 4，那么结果依次是 26、22、18、14、10、6、2，最后的数字就不是 4 的倍数。这时候，就可以用 30÷A 算出余数，在自己先说的情况下，先说出余数 2，那么推进数字的剩余数就是 A 的倍数 28。这样，自己在一回合就务必以四个数来推进，最后就可以保证自己说出的数字是 30。

这个游戏虽然称为"31"游戏，也可以按照 11、21、41 来玩。不管推进数字是 2 还是 5，只要按照上述解说法则，就一定可以获胜。这种游戏，我经常和好朋友一起在吃饭时玩。能否发现其中规律，就在于对数字是否极度敏感。

顺便说一句，我之前的公司有两个员工，能在 10 秒内找出其中规律。他们在工作中也好，交流中也罢，总之在各种场合，都对数字十分敏感，并十分善于发现其中的规律。

掌握这种规律，对投资十分重要。如果能提前了解股票市场、投资企业的发展情况，投资对象的应对模式，以及影响投资的各类重要因素，就能更好地算出期待值更高、更精确的结果。

## 憋七

这是一种扑克牌游戏，也许有很多人玩过。把所有牌都发给玩家，玩家每人各拿到 13 张牌，以自己为主，不与其他玩家配合。游戏中以四个花色的 7 为基准接牌，无牌可接时则必须扣牌，玩家手中的牌（不算扣下的牌）全部出完则游戏结束，游戏结算时扣牌点数最少或没有扣牌的玩家获胜。

多人参加的憋七游戏具有很强的战略性。一个眼神示意，一个出牌的时机，就可以认定谁想让你出牌，然后你通过"要"或者"不要"，迫使对方打出你想让他打出的牌。对我来说，我一般都是先看看自己手里的牌，然后先打对对方无伤大雅的牌。

在一开始，让对方过几次，判断谁在哪个地方能拦牌。同样，对方也会通过他们自己的方式来推测包括我在内的其他对手的出牌习惯和手里有什么牌。对此，我得想办法制造一种假象欺骗对方，然后通过不出牌或者出大王的方式与他们一决胜负。很多人觉得这是一个很不起眼的游戏，但实际上憋七包含顺序、看牌、对方反应等各种因素，具有很高的战略性。

# 面对金钱时的觉悟：钱变成大凶器的情形

# 来钱的另一个路子

挣钱、存钱，然后投资增值，这是一般的资金流通规律。不过，世间还有一种选择，就是不存钱而去"借钱花"。本书曾多次提到有关"借钱"的问题。借钱虽然十分普遍，但这种行为到底有多危险，至今仍未被多数人充分理解。

最近，为升学而引发的教育贷款已成为大问题。为了在将来能够从事理想的或条件不错的工作，不少人会选择进入专业机构、大学甚至研究生院学习深造。在他们当中，也许有人还没想清楚以后做什么，就决定先进入大学一边接受大量的知识洗礼，一边再去思考工作的问题。在我看来，把钱用在学费上，具有重要意义。如果有学习的机会，最好能把握住。但是，不是所有的人都能轻而易举地支付起大学等各类教育机构的费用。

据说，目前日本两个大学生中就有一个会因为学费或其他费用而去借钱。之后，他们无力返还，还会将家人、亲戚卷入其中，从而导致自我破产。这样的案例在过去的五年里，竟然高达 15 000 起。

以日本学生使用最多的学生助学贷款为例，该项贷款分为有息和无息两种。即使需要支付利息，也要比银行的贷款要低，而且利息不变。而无息贷款，只要还本就行了。可以说，借钱很简单，只要办理相关手续，每月就有钱自动转入你的账户，解决你的生活之忧。不过要说还钱，则需要在走向社会之后通过劳动收入所得来支付，这可要比想象中麻烦很多。

# 借钱很简单

　　借钱轻松简易。以学生助学贷款为例，每年助学贷款机构会将 6000—8000 元不等的钱打入你的账户。每年能借多少，有很多条件限制。如果每年借 8000 元，四年就是 3.2 万元。这些钱，原则上将来毕业工作之后返还即可。在学期间，大家不用为钱的事情发愁，从而能够一心一意地读书，因此这种助学贷款制度可谓功莫大焉。而且实际上通过这种制度，每年也确实有很多人得以进入大学或专业学校深造。

但是，正如刚才所说，借钱必须还钱。借了 3.2 万，就得还 3.2 万，甚至还要还更多。还钱的麻烦，远远超过借钱时的想象。

四年间，如果每年拿到 8000 元教育贷款，工作之后每年从工资中拿出 8000 元还钱，还完所有贷款也需要整整四年。实际上，起初一两年每年还 8000 元比较困难，我们不妨将还款额设定为 5000—6000 元左右，这样一来返还时间就会延长到六七年。如果再加上利息，还款总额还会增加。此外，还款滞后，还会产生滞纳金，最终还款额要比原来借入的钱多出许多。

# 连带责任的陷阱

为还款而辛苦奔波者大有人在，即使这样，想尽办法也无法偿还而导致破产的人每年也有 3000 以上。更有甚者，自己破产还不算，甚至还会把自己的亲人卷入其中。这是因为在申请助学贷款时，父母、亲人会作为担保人；当自己没有能力还款的时候，担保人就必须代为偿还。

助学贷款固然方便，但也有负面影响。好不容易为将来考虑才利用助学贷款入校学习，但为了还款却很可能耽误了自己的将来，甚至影响了父母亲人的生活。对这一问题，我希望大家有所了解。

助学贷款容易申请到手，但是切不可有一种侥幸心理，觉得可以随意利用这种便捷去大学或者专业学校学习看看。借钱的时候，就必须提前考虑自己用这么多钱学习深造，将来毕业后能挣多少。如果计算后结果为"负"，那么就最好考虑通过其他方法而非助学贷款入学，或者干脆放弃入学直接参加工作，或者工作之后攒了钱再进入大学。

最近，无须偿还的"奖学金"制度不断增加。和大多数人都可以借入的助学贷款不同，奖学金的发放，需要明确的理由、此前的成绩以及入学后的相关成绩等各类条件。入学之前，也需要将该校的奖学金制度纳入考量。

# 最好是花自己的钱，
# 学最适合自己的

在国外，有很多人是先就业，待其积攒学费后再进入大学或专业学校学习。迄今为止，这种现象在日本还比较少，但今后可能会有所增加。

我在第四课提到，在日本终身雇佣的时代只要工作就能保证有稳定的收入，偿还助学贷款也没那么困难。可是时至今日，即使进了大学，日后也未必能找到有稳定收入的工作。此外，即使找到一份工作，中途也可能因故辞职，还款就会因此中断。

　　不过另一方面，企业也会录用往届生或有工作经验的人，这就进一步增加了跳槽换工作的机会。成人之后，可以先工作，然后用攒下来的工资支付进一步深造的学费，之后可以选择更好的企业就职。这种做法在国外十分普遍，在目下的日本也容易实现。

　　总之在我看来，与其在没有弄明白自己想学点什么，就随大流式地背上助学贷款入学，还不如自己先工作挣钱，然后选择适合自己的专业，提升自己的技能。

# 负债就像玩蹦蹦床

　　和助学贷款一样，买房时的房贷也会带来一系列问题。"零首付""退休金抵偿""大家都在买"……这样的房产推销可谓不绝于耳。可是一旦误信他们的宣传而错误地制订还贷计划，就很容易使你无力偿还而破产，一心牵念的房子也会因此与你无缘。

　　当然，我并不是要从根本上否定贷款的必要性。首先要肯定的是，贷款是社会上一项重要经济活动。

　　不过，如果有人认为贷款很简单，那就显然缺乏判断了。

我在上面也多次提到，只要是贷款、借款就必须返还。我想，只有对贷款有了充分的认知，才能与金钱相安无事。

贷款、借钱就好比上了蹦床，它可以促使你跳出自己本身无法跳跃的高度。

如果自己想开公司或者想买房，贷款可以助你一臂之力。可是我希望大家知道，一旦跳出很高而无法很好地落地，所受的冲击就会很大，这一举动甚至还会影响自己周边的至亲好友。

借钱的时候，多数情况下都无法绝对保证能够偿还。对于可能无法偿还的钱所带有的威胁性，我希望大家能充分了解。首先要在脑海里认真反复思考，自己是否真的需要借钱，自己借的钱能否偿还。未经深思而随意贷款、借钱，很可能会惹上祸端。

# 20 亿和 200 亿的借款

虽然如此反对借款，但我一生中也有三次大规模的借款经历。

第一次借款是为了婚后买房。

第二次借款是 40 岁时设立基金。当时，我得到自己十分敬重的欧力士集团创始人宫内义彦先生的资助，使我得以在一间高级公寓房里开始自己的工作。宫内先生告诉我："想让别人看到你设立基金的决心，你就必须出至少 10% 的预存份额。"我接受宫内先生的建议，从基金建立伊始就严守这一准则。可是之后基金迅速扩大，自己手头的钱无法继续承担 10% 的额度，于是我再次拜访宫内先生，并有幸得到了欧力士集团的借款，使得自己的基金占比保持不变。那时，我的借款是 20 亿日元。

为了贷 20 亿日元，我用当时的所有资产做担保。此外，我还买了生命保险，受益人是欧力士集团。包括生命保险在内，欧力士集团充分评估了我所有可供偿还的资产，然后把钱贷给了我。

借款就是这样，最基本的条件就是对方有什么可供偿还。这一点，绝对不能忘记。

好在基金运营良好，连生命保险都搭进去的借款终于顺利偿还。在这一过程中，一个巨大的商机出现。此前，我有一个强烈的愿望，就是让日本的股票市场回归本然，而当时所做的事情，其实就是一个很可能改变日本的大工程。

为此，我决定借款 200 亿日元。虽然十分反感借款，但作为一种使命，作为一生一次的拼搏，我觉得必须如此。谁料中途发生诸多意外，还未借款计划就已流产。不过，当我决定借 200 亿巨款一赌输赢时的那种"输了不但可能打拼的业绩付诸东流，还可能负债累累"和"很可能会连累家人"的莫名的恐慌，至今仍然难忘。

我在借钱之前，会反复思考以后如何才能还钱，还不上怎么办。虽然不能说百分之百，但只有当我确信如何才能还上钱，或者想明白还不上该如何做之后，我才会去借钱。可以说，借多少，什么时候还之类，都经过了认真考虑。我虽然多次强调借钱本身并非坏事，可是当你还没有想清楚还不起怎么办就贸然借钱，很可能就会陷入无法自拔的地狱。

# 最后的铁板烧牛肉

在和钱打交道的过程中，有些事给我启发很大。如果追本溯源，最早的启发还是我孩提时代的体验和记忆。

有一天的晚饭桌上，我发现出自有名厨师和田金之手的铁板烧牛肉比往常多了不少，父亲告诉我"喜欢吃就放开肚子"。当我有些不可思议时，他补充说："这可能是最后一次吃铁板烧牛肉，我将要一决胜负，所以今晚好好吃饱。"

作为投资人，父亲的投资生涯有赚有赔，经历颇多。他喜欢把工作上的事情通过简单易懂的话传达给孩子，所以"今天因为什么原因赚了一笔""因为这样赔了一些"之类的话题经常出现在吃饭时间。那次吃铁板烧牛肉的时候，我大概3岁，虽然对事情的来龙去脉并不那么清楚，但我清晰地记得父亲的神态与往常大不相同。

对我来说，内心从未有过的那种"啊，也许以后再也吃不到铁板烧牛肉了""可能要过和之前迥然不同的生活"的不安，至今犹在。

后来我才明白，父亲当时是决定投资"香港之花"——一个专门用塑料制花的行业。铁板烧牛肉事件后的半年还是一年后，父亲告诉我到他投资的工厂看看，我也正好借机去了趟香港。

算起来五十多年过去了，父亲的投资获得了成功。

在占地一层楼的工厂里，几百名女工从事制花工作。一进工厂，就能闻到充斥着药品的臭味，我的心情一下变得很糟。

在这种恶劣的环境下，竟然还有和我差不多大小的孩子在干活。我顿时觉得父亲正做着一件伤天害理的事，于是明确告诉他"这种工厂很差，让孩子们在这样的环境下干活太可怜了，这么做是不行的"。父亲本来是带着十分愉悦的心情，想让我看一看他成功投资的现场情况。可是在听了我的话后，他脸上退去了和悦，陷入了沉默。半年后，他卖掉了投资的产业。

父亲在这项投资中多少是有些收益，但此后该产业迎来一阵火爆。如果父亲继续持有，很可能大赚一笔。后来，父亲还开玩笑说："你的几句话，让我损失不小呀。"

　　我长大一些后，父亲经常带我去类似工作现场，有时候为了研判投资对象，他甚至会带我在美国、墨西哥等国待上好几周。当然，个别时候也会由于工作性质的原因，不能带我去现场，但是看过并了解父亲的工作，我会提出一些看法，父亲则为我解答。这样的经历，使我从小对相关工作框架、流程或者金钱运转等，自然而然地产生了兴趣，也得到了学习。

第 **7** 课

绝妙的花钱方式

# 金钱闪闪发光时
## ——集众人之力改变世界

如前所述，我打小就笃定此生要不断努力积累财富。成为专业投资者之后，我的投资不是限于满足个人欲望，而是想着如何增加整个日本的财富，从而使国家经济良性发展，使社会成员生活富足。辞掉基金经理的十年间，我的投资更加倾向于助力社会顺利发展方面。通过参与社会公益活动、风险投资等，对促进社会资金流动贡献了绵薄之力。赚了钱先存起来，然后投资增值，增值之后再投资，如此不断循环。在我看来，存钱仅用于增值比较初级，只有促进社会良性发展才是终极意义。

不久前，我曾看到一则消息，大意是说 2030 年前艾滋病很可能能被根治。

艾滋病是由 HIV 病毒引发的疾病，至今已经夺走了全世界上千万人的生命。最新调查显示，近来又有 180 万人感染。

我看到的那则消息说，只要有 450 亿元左右的费用，艾滋病这一令人可怕的疾病就会从世界上消失。

对此，我的内心一阵激动。

450 亿元我可能无法凑齐，但我可以贡献一份心力。如果我不断增加的财富能为根除艾滋病发挥微薄之力，这对我来说会是无法比拟的欢喜。服务于这样的事业，才是金钱最大的威力。

和艾滋病一样，需要金钱来解决的问题举不胜举。

世间有无数生活困难的人，也有很多恼人的问题。

每个人都有自己的工作和生活，因此不可能谁都亲赴现场直接出力，或者提供技术性帮助。如果能从生活费中拿出一部分来捐献，其实也很不简单。以刚才提到的艾滋病为例，全世界76亿人口，如果一个人挤出6元，就能汇成456亿元巨额资金。把这些钱交到具有专业技术和知识的人手里，就可以为根绝威胁生命的疾病发挥作用。一个人6元，就能改变世界。

一人之力很微小，众人拾柴火焰高。钱也如此。

金钱作为工具，当它发挥上述作用的时候，即集众人之力改变世界的时候，就会威力无穷，光芒万丈。

# 我们为什么要捐助

钱并没有固定的使用方法。

自己或赚或存或增值的钱，可以根据自己的需求随意使用。本书要告诉大家的，只是如何更好地使用金钱这一工具，过上幸福生活。从这层意义上说，我并不试图通过说教的方式告诉大家应该如何做。

但是作为"赠言"，当大家未来赚到很多钱的时候，我希望自己的经验能成为大家在考虑如何花钱方面的一个选项。

我年轻的时候对于志愿活动或者捐助行为，几乎漠不关心。

众所周知，为别人无偿提供自己的时间或技能就是志愿活动，把自己赚的钱提供给别人就是捐助。

坦率而言，我年轻的时候对于上述举动到底有什么意义心存怀疑。后来促使我发生思想转变的，是我的妻子。妻子生长在一个信仰基督教的家庭，每当看到街头巷尾有人手捧募捐箱的时候，她总会捐出一份爱心。走进教会，她也会再次捐款。她为什么要把自己的血汗钱捐出去，我着实难以理解。对此，我还多次和她争论。

有一天，有人在车站前举行募捐活动，妻子像往常一样去捐助的时候，我提出了自己的看法："这些人有可能是谎言诈骗。你捐出去的钱真正用到有需要的人身上还好，但是谁又能保证如此呢？你如此草率，真的没关系吗？"

"有没有关系我并不清楚，我只知道某个地方有人需要帮助这个事实。因此，我愿意尽自己的努力。"妻子如此回道。在她看来，捐助是件再也自然不过的事情。

也许可能被骗，但仍然执著捐献。我实在觉得不可思议。

我有个癖好，就是对于不可思议的事情总想深入探求，于是我读了《圣经》，这才知道其中有将个人收入的十分之一返还给社会的训导。此外，我还了解到欧美有"位高则任重"之说，即有钱、有权、有势的人，应该履行扶持弱者的责任。

即使如此，我也没能百分之百理解妻子的做法。

我并不是反对妻子捐助，只是不能理解她在尚未搞清楚捐助的钱将用于什么目的的情况下就率性而为，这让我心有不悦。在我看来，金钱是一个十分重要的工具，如果没弄清楚钱用在哪里就随手奉献出去，岂是适当之举？但是看她长期如此，我的观点也逐渐发生了变化。

后来，好不容易捐助一次时，我就想弄明白举行募捐的是什么样的团体，他们如何用钱？世间原本存在什么问题，为什么为了募捐就得站在街头？一旦兴致来潮，我就会刨根问底，然后通过在政府部门工作期间认识的从事社会捐助活动的人，来了解社会捐助活动的基本情况。

了解之后我才得知，当你保持一定距离站在客观的角度看，就会发现看起来幸福和谐的日本，实际上也存在很多问题，需要各种各样的补救措施。

对我冲击最大的，就是往往在需要支持、补救的地方，资金往往不足。一番诧异之后我继续思考，觉

得自己应该为建立资金流动机制贡献力量，于是在
2007 年，我成立了"慈善平台"这一非营利组织。

　　慈善平台的活动宗旨在于为为众多人不断捐献物
资的组织提供支持。也许有人会有疑问，为什么我不
直接向不同的团体组织提供捐助。岂不知我在慈善平
台设立之初，就希望我捐助的钱能够"钱生钱"，以此
确保我不在时平台也能继续运转，在资金不足时也不
会影响平台活动的开展。

# 一个人捐 100 万和两百个人总共捐 100 万

　　比如，我给狗狗保护组织捐 100 万日元，该组织用我捐助的钱给狗狗注射、提供食物等等，也许四个月就会花完。然后我再捐 100 万日元，还是四个月花完。如此周而复始，当我因故无法捐助的时候将会如何呢？该组织及其保护的狗狗，就有可能难以为继。思之既十分遗憾，也隐含了最大的问题。对此，我想就该花 100 万日元，"让该组织被更多的人知道"。募集捐助，"让人知道"是第一步。比如在街头张贴海报，制作网页，雇佣擅长宣传的人加入等，方法多样。

在此基础上，我希望建立一个让更多的人每月或每年不断捐献一定金额的组织。

　　大家也许都听过"三个臭皮匠，顶个诸葛亮"的说法。同样是 100 万日元，我一个人捐助和两百个人集中捐助，其功效大不相同。我一人的捐助可能瞬间流产，两百个人的捐助断然不可能同时戛然而止。

　　因此，我一直以来考虑建立的这个平台，就是要担当起长期、广泛募集捐助的使命，并尽可能多地吸纳具有热心肠的人持续助力，维系平台的运转。车子要前进，除了车子本身，还需要驾驶员、汽油等条件，社会捐助也需要更多的人采取各种的方式。在我看来，类似平台对促进当今日本非营利性机构的发展至关重要，因此我想在这方面做出一点贡献。

　　我想举一个具体的例子。2018 年 7 月，前所未有的暴雨席卷日本各地，我当时住在广岛，正在以慈善平台的准备工作为契机，和大西健丞商讨相关事宜。大西先生是我的好朋友，也是日本国际救援非政府组织（PWJ）的代表。我们见面的时候已经开始下雨，当我回到东京后，雨越下越大，于是我立即联系大西先生。当我听说初步需要数千万日元，便当即同意捐助，同时他告诉我希望我"尽早到现场开展救援"。我自己返回广岛加入救援活动倒没问题，可是想到没有经过专业训练的外行一股脑涌入灾害现场反而会增加救援的难度时，决定暂缓行程改期再去。接着我思忖怎么做才能让更多人了解灾情，提供援助满足需求，最后决定先将村上财团拨出的 100 万日元紧急救援基金和"对应捐助"送递到位。

所谓"对应捐助"，就是若有人给 PWJ 捐助，村上财团也会同时捐助等额财物。这样一来，捐助额度就相当于翻了一倍。也许有人会想村上财团直接捐助不也可以吗？其实，如果一个人的捐助能由 1000 变成 2000，由 5000 变成 10000，乐意捐助的人应该更多。

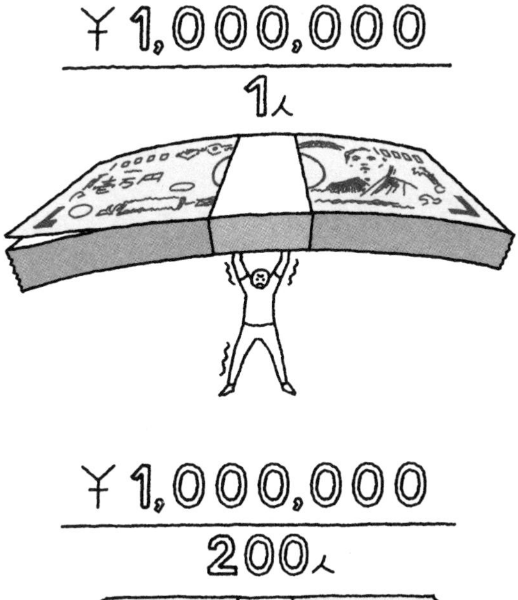
¥1,000,000
1人

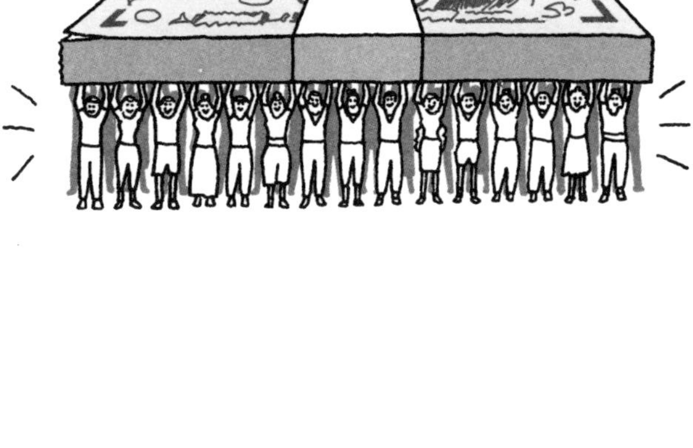
¥1,000,000
200人

这种捐助方式通过雅虎日本网（Yahoo Japan）推进，受捐情况可以随时以视频方式让大家知晓。约十天时间有 2 万人捐助 2000 万日元，再加上财团捐出的 1000 万日元，合计援助基金约 3000 万日元。此外，值得一提的是，此次参与捐助的多数人，都办理了今后长期捐助的手续。

由此可见，"三个臭皮匠，顶个诸葛亮"不是虚言。因此在我看来，借助各类信息公报和媒体手段，让尽可能多的人了解并持续参与援助，是日本非营利机构的头等大事。

# 钱不生钱时的时间价值

关于捐助我且说到这里。在捐助的同时，我也尽力参加志愿活动。之前，哪怕一元钱，我也不能容忍它不产生任何直接效用。

诚然，志愿活动不会生钱。从前，我认为如果把在志愿活动中所花费的时间放在挣钱然后使其增值方面，才是对社会的真正贡献。因为我挣的钱也好，增值的钱也罢，都要为国家交税，而国家使用这些税金，确实能够解决各种各样的问题。加之如果一国经济基础不牢，募捐或志愿活动就像向沙漠洒水，解决不了根本问题。

　　不过当我了解了社会贡献方面的知识后，我的认识就发生了变化。国家不可能解决一切问题，有一些问题不可能只靠国家，而应该交由个体，甚至只能由个体来解决。为了支持民间或个体组织进行上述相关活动，我才觉得在日本建立"资金良性流动"机制势在必行。

　　近十年来，我参与过各种志愿活动。以"绿鸟"组织的垃圾捡拾为开端，后来在东日本大地震后给灾民煮饭，其间不但做了1000个左右的牛排汉堡，还将收到的数十卡车物资运送到灾区。如果是以前，我断不会把时间花在不能产生直接经济效益上面，但当我参加到实际活动中后，我才体味到别人的一声"谢谢"多么温暖。当我看到捡拾垃圾后的街面焕然一新，才意识到大家挥汗如雨的劳动绝非徒劳。带着一种使命去服务社会，对自己来说，其贡献意义非凡。与原本没有工作交集的人相遇、一起交流，抛弃为了什么目的而做事的功利心态，是绚烂人生的一部分。

# "谢谢让我捐助"

　　无论是非常看重的投资还是社会贡献方面的投资，日本在学习英、美等慈善事业十分发达的国家的过程中，都继承了他们"借助金钱实现某种目的"的做法。但是两者不同的是，金钱带来的收益是否还是金钱。

　　社会贡献方面的投资，其目的在于使将来的生活更加美好。其实，认为捐助"会给某人提供帮助"的想法，本身就是一种收益，最起码那种温馨的感觉会在内心驻留良久。看不到这一点，才会觉得捐出去的钱一去不返。

另一方面，帮助他人不只会使自己内心充盈，坦率而言，也可能会引发厌恶或悲观的情绪。不得不提的是，公益组织中也有一些人为了钱和名声在工作，有些人并不善于规划使用援助基金。更有甚者，援助基金或者根本就没有用到该用的地方，或者其用途根本就不会被告知。如果有人追问，他们经常会用"时间紧迫未及说明"来敷衍。

客观来说，救助现场大家忙于工作而抽不出时间也并非不能理解。可是，如果连捐助基金用于什么人都不知道，那么今后还想让别人"继续捐助"或者"再捐多点"，就会难上加难了。果真如此的话，原本信赖公益组织、捐助平台的社会大众就会对"捐给谁"产生质疑；当他们一旦停捐，受影响的不是上述组织或者平台，而是需要捐助的人。因此，为了切实服务于需要捐助的群体，相关组织和平台就必须重视和捐助人之间的沟通、交流。如果万一无法挤出时间，也必须将自己的想法和遇到的问题传达清楚，以便获得理解。简而言之，信赖关系才是获得长期有效捐助的关键。

当然，也有一些组织、平台确实能以诚信为本，因此我常年支持他们的工作，为他们提供捐助。他们则合理地使用捐助，将我的构想变成现实。每次捐助，他们都会说声"谢谢"，但是我却觉得，作为捐助者，其实我应该感谢他们才对。因为他们代替我到现场帮忙，或对有困难的人提供帮助，或努力解决社会上存在的一些问题，是在切实践行。有的人因繁忙而无法到现场，有的人没有救助方面的专业技能，但他们想为社会做点事的时候，就可以将金钱这一工具委托给相关社会组织或团体。之后，该组织的工作人员就会通过最为恰当的方式，把钱用到合适的地方，从而实现捐助人的愿望。从这种意义上来说，捐助人应该向相关组织、机构的人说声谢谢。如果能遇到让自己真心说声"谢谢"的组织或团体，那么你的捐助注定会让自己感到舒心满意。

我这么说并不是想让所有人都去参与捐助。首先，我们得保证收入能够维系自己快乐的生活，还需要有一定的存钱防止不测。但是如果在此基础上还有余裕，就请大家尽量为别人和社会贡献一份力量。我很爱钱，用钱的途径方法何止千万，但是钱用到人身上，才是它最闪耀光辉的地方。

尽管如此，每个人的价值观千差万别，他们花钱的方式也各有差异。在这里，花钱终究还是要内心欢愉。这一点十分重要，同时也很难做到。对此，长大走向社会之前，需要努力思考、挑战，积累各方面的经验。不断探求如何花钱才能保障自己幸福快乐，为此自己应该从事什么样的工作，过什么样的生活。思考永无止境，方式多种多样，甚至变化不断。即便如此，仍需要常常思考"对自己来说幸福是什么"。其实最大的秘诀就是，只要自己觉得幸福的终极不是金钱，就会懂得更好地花钱而不会被金钱所俘虏。

# 我的全新花钱方式

读完本书，大家有可能觉得钱"很有趣，是个能让人快乐的东西"，也可能有人"一想到钱，内心就澎湃不已"。若如此，我将既欣慰也欢喜。即使大家还没那么想，只要比以前对钱更有兴趣，也是对我的鼓励。

本书相关内容是我每次回到日本后讲授"金钱课程"时的所见所闻，它以日本孩子与"金钱"的关系为基础，内容是我的思考和我期待大家了解的东西。

虽然上课是我在教，但在同孩子们的交流中，我也学到了不少。比如大家如何与钱打交道，对钱抱有什么疑问，还有什么需要了解的地方……每次上课，我都有新的收获。因此，我觉得本书肯定还有不少需要完善的地方。如果有机会，随着"金钱课程"的深入和我知识的积累，我也希望几年后能够修订其中的相关内容，或者推出续篇以察补遗憾。

现在，大家很可能会想着"如何才能让钱增值，我想知道得更具体"。本书的首要目的是让大家充分理解金钱及其流动规律，然后在此基础上思考自己的生活与金钱的关系。至于具体如何增值，是下一步需要解决的问题。在此之前，我希望大家要么务必参加"金钱课程"，要么阅读本书，形成自己的分析能力，特别是学会用数字思考，用期待值来琢磨问题的习惯。

接下来，我讲一讲自己是如何用钱的。每当回首人生，我就会发现自己在存钱和使钱增值方面所花时间甚多。小时候我就着魔般地存钱，然后将其用于股票投资以增加收入；走上社会之后，我又开始把工资存起来持续不断地投资股票或不动产。我谨遵父亲"涨则卖，降则买"的教诲，所以在泡沫经济时代不仅没有遭受重大损失，反而顺利地增加了资产。之后，我用上述所得建立了属于自己的基金。

在基金运营过程中，由于其自身特性的原因，"存钱——增值"之间十分容易产生混乱。为了证明自己作为一名基金经理人的决心和自信，我几乎将手里所有的钱都注入到自己的基金中。基金收入好，我的钱就会增加，但增加部分我也不想用来奢侈浪费，而是再将其注入基金，即反复投资。"存钱——增值——投资"之间循环流动，并没有什么明确的界限。

在建立基金七年之后，我决定关闭基金。那时，我已经拥有了巨额资产。没了基金，"存钱——增值——投资"的循环也因此终止。不过，我还是想尽快投入对社会的贡献。然后，我再度以自己的金钱投资不动产和股票。此外，无论日本的护理，还是亚洲的不动产，饮食和海外的国债，美国的风投企业等，只要能让我感兴趣，能在其中发现高期待值，我就投资。上述相关投资虽然偶有失败，但总体上看资产依然在持续增长。

明年，就是我的花甲之年。手里还有大量因投资而收获的金钱。是继续依循之前的用钱方式，还是探寻其他方式？自从给日本小孩讲授"金钱课程"以来，我自己也反复思考金钱的使用方式。与孩子们交流才得知，他们几乎没有接触金钱的机会。在世人看来，孩子们平常不想与钱有关的事情也是一种幸福，但是在我看来，若想让社会更加富裕，必须让孩子从孩提时代就学习与金钱相关的东西。

于是，我决定将自己的钱用于"教给孩子们如何与钱打交道"。这一看法，也得到了家人的支持。到目前为止，我依然一边和各方面的专家交流，一方面思考如何实际操作，特别是如果能通过某种方式给孩子们提供金钱，让他们学到投资的方法，那将再好不过。无论投资成功还是失败，对孩子们的未来与日本的将来来说，都是颇有意义的体验。

我希望看到"一个更加和谐的日本，每个人都安全、精神满满"，这一愿望至今未变。我觉得自己的使命是"让日本的资金流动得更加顺畅"。为此，我选择相应工作，不断变换方式持续进行投资。不过，无论我一个人如何努力，毕竟单丝不成线。若想让一个国家变得更好，就必须改变每个人的思想。大家都知道，当一个人长大成人之后再改变他们对钱的认识、感知非常困难，因此在孩提阶段就告诉他们如何与钱打交道，如何使"挣钱存钱——投资增值——增值再投资"的模式循环，至为关键。为孩子们提供类似机会，然后随着他们对金钱感知的改变，他们的打拼和努力就可能让日本充满精神。这种面向未来的投资，就是我千思万想认定的新的金钱使用方式。

我之所以"希望大家小时候就积累投资经验"，是因为走上社会之后，在缺乏经验的情况下冷不丁地去用自己的一部分生活费来投资，就会出现很大的障碍。与其如此，不如在不用为生活而烦恼的时候，用多余的钱去大胆投资，即使失败也不必担心。在投资之前，没有十分专业的"金钱"学习也没关系，因为实际"投资"可以让你学到很多东西。与风投不同，对大家来说，实际的投资经验是大家缩短与"金钱"距离的不二之选，而这样的经验更是堪称宝贵。

如果大家把存款作为资产的一部分去顺理成章地投资，日本就会变得更加富裕。为此，我想通过自己长期以来琢磨的项目，努力将100万名孩子培养成投资家。如果十来岁的孩子就能认真地思考如何与"金钱"相处，继而养成"投资"的习惯，走上社会后，日本就会发生巨大变化。这100万个孩子，其实也没有必要每个人都成为投资家，但正如我之前所说，只要他们自然而然地把"投资"看作和赚钱、存钱一样，社会上的投资者就会不断增加，整个日本也就会变得越来越强大。

这里的"强大"，并不单指金钱方面。如果我们能很好地学会投资，生活方式就会多样，梦想实现的可能性就会大大增大，也会更加充满安全感。如此一来，大家就会有一股精气神，生活也就会舒适安然。

这就是我提供给大家的一点建言，也是我为了完成使命新的努力。如果本书能够为日本变得充满活力发挥一点微薄之力，我将不胜荣幸、欣喜！

村上世彰

2018 年 8 月